图像拼接算法效率与质量优化

唐泽恬 ◎ 著

电子科技大学出版社
University of Electronic Science and Technology of China Press
·成都·

图书在版编目（CIP）数据

图像拼接算法效率与质量优化 / 唐泽恬著. -- 成都：

成都电子科大出版社，2024. 7. -- ISBN 978-7-5770

-1051-9

Ⅰ. TP391. 41

中国国家版本馆 CIP 数据核字第 2024P871Y8 号

图像拼接算法效率与质量优化
TUXIANG PINJIE SUANFA XIAOLÜ YU ZHILIANG YOUHUA
唐泽恬　著

策划编辑　　李述娜
责任编辑　　李述娜
责任校对　　熊晶晶
责任印制　　梁　硕

出版发行　　电子科技大学出版社
　　　　　　成都市一环路东一段159号电子信息产业大厦九楼　邮编 610051
主　　页　　www.uestcp.com.cn
服务电话　　028-83203399
邮购电话　　028-83201495

印　　刷　　石家庄汇展印刷有限公司
成品尺寸　　170mm×240mm
印　　张　　17.5
字　　数　　286千字
版　　次　　2024年7月第1版
印　　次　　2024年7月第1次印刷
书　　号　　ISBN 978-7-5770-1051-9
定　　价　　78.00元

前　言

本书介绍了图像拼接算法效率与质量优化的相关内容，并分析了各个算法对图像拼接效率或图像拼接质量提升的影响，这为图像拼接的实时性和提升图像拼接质量的研究提供了可靠的理论和方法。第 1 章，笔者介绍了当前图像拼接算法的研究现状，并详细介绍了其中常用的几种图像拼接算法。第 2 章，笔者提出了基于纹理分类的多阈值角点检测和区域匹配算法（multi-threshold corner detection and region matching algorithm based on texture classification, MTTC 算法），详细介绍了该算法的概述、算法原理、实验结果与分析、结论。第 3 章到第 5 章，笔者针对尺度不变特征转换（scale-invariant feature transform, SIFT）算法计算复杂度巨大的问题设计了多种算法并进行改进，且均在对应的章节详细介绍了所设计的算法，并对算法性能进行了分析。其中，第 3 章，笔者设计了基于相位相关和哈里斯（Harris）纹理分类的 SIFT 图像拼接算法（SIFT image stitching algorithm based on phase correlation and Harris texture classification, PCTC-Harris 算法）；第 4 章，笔者设计了基于相位相关和纹理分类的 SIFT 图像拼接算法（SIFT image stitching algorithm based on phase correlation and texture classification, PCTC-SIFT 算法）；第 5 章，笔者设计了基于掩模搜索的快速 SIFT 图像拼接算法（fast SIFT image stitching algorithm based on mask search, FSMS 算法）。第 6 章，笔者把 SIFT 算法应用到高分辨率图像拼接中，并针对高分辨率图像拼接耗时较长等问题进行改进，设计了基于 SIFT 的高分辨率图像快速拼接算法（SIFT-based fast image stitching algorithm for high-resolution image, FSHR 算法），详细介绍了设计的算法，并验证了设计的算法对图像拼接效率的提升效果，分析了算法的综合性能。第 7 章，笔者针对 SIFT 算法提取特征点分布不合理和随机抽样一致性（random sampleconsensus, RANSAC）算法匹配不稳定的问题，设计了基于纹理分类的特征点提取和匹配算法（feature point extraction and matching algorithm based on texture classification, FEMTC 算法），有效提升了图像的拼接质量，且对该算法原理进行了详细的介绍，并验证了算法的有效性。第 8 章和第 9 章，笔者分别把 Harris 算法和 SIFT 算法应用到量子图像的拼接中去，并针对算法存在的问题进行改进，设计了基于改进的 Harris 和二次归一化互相关（normalized cross correlation, NCC）的量子图像拼接算法（quantum image stitching algorithm based on improved Harris and quadratic NCC, QISAHN 算法）与基于动态阈值和全局信息的 SIFT 量子图像拼接算法（SIFT quantum image stitching algorithm based on dynamic threshold and global information, QISADTG 算法），且对这两个算法进行了详细的介绍，并分析了算法的性能。

本书可以为从事图像拼接算法效率和质量优化研究的相关人员提供参考。由于作者水平有限，难免存在疏漏之处，欢迎广大读者批评指正。

注：本书中所有图片均为笔者自行采集或从公开数据集中选取并进行处理的。

著　者

2024 年 2 月

目　　录

第 1 章　图像拼接算法　/　1

1.1　图像拼接的概念及研究现状　/　1

1.2　基于灰度的匹配方法　/　2

1.3　基于特征的匹配方法　/　6

1.4　总结　/　30

第 2 章　基于纹理分类的多阈值角点检测和区域匹配算法　/　32

2.1　概述　/　32

2.2　算法原理　/　33

2.3　实验结果与分析　/　40

2.4　结论　/　58

第 3 章　基于相位相关和 Harris 纹理分类的 SIFT 图像拼接算法　/　59

3.1　概述　/　59

3.2　SIFT 算法存在问题　/　60

3.3　PCTC-Harris 算法　/　62

3.4　实验结果与分析　/　67

3.5　结论　/　82

第4章 基于相位相关和纹理分类的 SIFT 图像拼接算法 / 83

4.1 概述 / 83

4.2 PCTC-SIFT 算法 / 84

4.3 实验结果与分析 / 89

4.4 结论 / 109

第5章 基于掩模搜索的快速 SIFT 图像拼接算法 / 111

5.1 概述 / 111

5.2 FSMS 算法 / 112

5.3 实验结果与分析 / 117

5.4 结论 / 131

第6章 基于 SIFT 的高分辨率图像快速拼接算法 / 133

6.1 概述 / 133

6.2 FSHR 算法 / 136

6.3 实验结果与分析 / 141

6.4 结论 / 195

第7章 基于纹理分类的特征点提取和匹配算法 / 196

7.1 概述 / 196

7.2 SIFT 算法存在的问题 / 197

7.3 FEMTC 算法 / 199

7.4 实验结果与分析 / 202

7.5 结论 / 218

第8章 基于改进的 Harris 和二次 NCC 的量子图像拼接算法 / 219

8.1 概述 / 219

8.2 QISAHN 算法 / 220

8.3 传统的 Harris 和 NCC 算法 / 221

8.4 基于量子点或量子环数量的阈值设置和二次 NCC 匹配方法 / 223

8.5 实验结果与分析 / 228

8.6 结论 / 238

第 9 章 基于动态阈值和全局信息的 SIFT 量子图像拼接算法 / 239

9.1 概述 / 239

9.2 QISADTG 算法 / 240

9.3 实验结果与分析 / 247

9.4 结论 / 257

参考文献 / 258

后记 / 270

第 1 章　图像拼接算法

1.1　图像拼接的概念及研究现状

图像拼接技术是对两幅或多幅具有重叠区域的图像通过计算图像局部区域的相似度，从而得到图像间的变换关系，并根据图像间的变换关系进行变换融合，从而得到更大视野、场景的图像处理技术，图像拼接过程如图 1.1 所示。图像拼接技术是数字图像处理领域的一个研究热点，图像拼接技术被广泛应用于遥感、航空航天、虚拟现实、运动检测、分辨率增强和医学成像等领域 [1-9]。

图 1.1　图像拼接过程

现有的图像拼接算法主要有两种方法，即基于灰度的匹配方法 [10-13] 和基于特征的匹配方法 [14-19]。其中，基于灰度的匹配方法计算简单、易实现，但只能处理简单的图像匹配问题。相比较之下，基于特征的匹配方法计算更为复杂，但可靠性高，能够处理较为复杂的图像匹配问题，因此基于特征的匹配方法也是近年来研究的热点。

1.2　基于灰度的匹配方法

基于灰度的匹配方法通常使用灰度图像进行匹配，若是彩色图像，则需转换为灰度图像后再进行匹配。在使用该方法进行匹配前，人们需选择一幅图像作为参考图像，并从另一幅图像，即配准图像中选择一个滑动子块（该滑动子块需在第一幅图像中存在），如图 1.2 所示，然后在参考图像中每次滑动一个像素就计算重叠区域的相似度。滑动完成后，基于灰度的匹配方法需要确定相似度最大的滑动位置，并结合滑动子块在另一幅图像的位置即可得到两幅图像间的平移位置。

（a）参考图像　　　　　　（b）配准图像　　　　　　（c）滑动子块

图 1.2　待拼接图像和滑动子块

基于灰度的匹配方法是直接根据图像的像素值的匹配方法，主要的特点是图像信息差异的最小化。由于图像差异的评判方法不同，所以与这些评判方法对应的图像匹配方法有很多种。图像匹配方法主要包括绝对误差和（sum of absolute differences, SAD）算法、平均绝对差（mean absolute differences, MAD）算法、误差平方和（sum of squared differences, SSD）算法、归一化互相关（normalized cross correlation, NCC）算法、序贯相似性检测算法（sequential similarity detection algorithm, SSDA）[13]、基于互信息的图像匹配算法等。

1.2.1　SAD 算法

SAD 算法直接计算滑动子块与参考图像重叠区域的像素值差值的绝对值，其计算公式为

$$D_{\text{SAD}}(i,j) = \sum_{i=1}^{M}\sum_{j=1}^{N}\left|R(i,j)-S(i,j)\right| \qquad (1.1)$$

式中，$D_{\text{SAD}}(i,j)$ 为绝对误差和；$R(i,j)$ 和 $S(i,j)$ 分别为参考图像重叠区域和滑动子块的像素值；M 和 N 分别为滑动子块的长和宽。$D_{\text{SAD}}(i,j)$ 越小，相似度越高；反之，相似度越低。

1.2.2　MAD 算法

MAD 算法的思想与 SAD 算法类似，MAD 算法在 SAD 算法的基础上求取了该区域的平均值，平均绝对差 $D_{\text{MAD}}(i,j)$ 的计算公式为

$$D_{\text{MAD}}(i,j) = \frac{1}{M \times N}\sum_{i=1}^{M}\sum_{j=1}^{N}\left|R(i,j)-S(i,j)\right| \qquad (1.2)$$

1.2.3　SSD 算法

SSD 算法的误差平方和 $D_{\text{SSD}}(i,j)$ 的计算公式为

$$D_{\text{SSD}}(i,j) = \frac{1}{M \times N}\sum_{i=1}^{M}\sum_{j=1}^{N}[R(i,j)-S(i,j)]^2 \qquad (1.3)$$

SAD 算法、MAD 算法和 SSD 算法的思想较简单、计算较方便，具有

较好的匹配精度。但这三种算法对噪声敏感，且无法处理图像间存在的旋转和尺度缩放问题。

1.2.4 NCC 算法

NCC 算法是一种经典的匹配算法，算法计算角点的邻域像素之间的互相关值，以确定角点间的匹配程度，取值范围在 [-1，1]。NCC 算法的数值越接近于 1，则说明其相似度越高；其数值越接近 -1，则说明其差异度越大。NCC 算法的计算公式为

$$D_{\mathrm{NCC}}(i,j)=\frac{\displaystyle\sum_{i=1}^{M}\sum_{j=1}^{N}\left|R(i,j)-E(R)\right|\left|S(i,j)-E(S)\right|}{\sqrt{\displaystyle\sum_{i=1}^{M}\sum_{j=1}^{N}\left[R(i,j)-E(R)\right]^2}\sqrt{\displaystyle\sum_{i=1}^{M}\sum_{j=1}^{N}\left[S(i,j)-E(S)\right]^2}} \quad （1.4）$$

式中，$E(R)$ 和 $E(S)$ 分别为参考图像和滑动子块的平均灰度值。相较于前三种方法，NCC 算法对图像的灰度变换具有更好的抗干扰能力。

NCC 算法具有较高的准确性，并且在处理灰度值的线性变换问题方面具有较好的效果。NCC 算法的计算消耗较大，计算效率不高，且随着角点的相关窗口的增大，其计算复杂度也随之增大；NCC 算法无法处理尺度变换和仿射变换。

1.2.5 SSDA 算法

SSDA 算法是对上述四种算法的改进，其速度比 MAD 算法快几十倍甚至几百倍。SSDA 算法的步骤如下：第一步，SSDA 算法需要逐个计算滑动子块与参考图像重叠位置的每个像素值之间的误差；第二步，SSDA 算法可以设置阈值，在逐个计算像素值误差的过程中，若误差大于设置的阈值，则停止计算，记录当前的误差和计算像素个数，并分别保存到矩阵 $E(i,j)$ 和 $N(i,j)$ 中；第三步，SSDA 算法会使图像滑动到下一个区域，并重复第一步和第二步，直到在参考图像中滑动完成为止；第四步，SSDA 算

法在 $N(i, j)$ 中寻找最大值，若存在多个最大值，则对比多个最大值对应的 $E(i, j)$，其中，最小的 $E(i, j)$ 对应的位置即为相似度最高的匹配结果。误差的计算公式为

$$\varepsilon(i, j, x, y) = \left| R_{i,j}(x, y) - \overline{R_{i,j}} - S(x, y) + \overline{S} \right| \qquad (1.5)$$

式中，$R_{i,j}(x, y)$ 为以参考图像中的一点 (i, j) 为中心点与滑动子块对应的区域的像素值；$S(x, y)$ 为滑动子块的像素值；$\overline{R_{i,j}}$ 和 $\overline{S}$ 分别为两个区域像素值的平均值。$\overline{R_{i,j}}$ 和 $\overline{S}$ 计算公式为

$$\overline{R_{i,j}} = E(R_{i,j}) = \frac{1}{m \times n} \sum_{x=1}^{m} \sum_{y=1}^{n} R_{i,j}(x, y) \qquad (1.6)$$

$$\overline{S} = E(S) = \frac{1}{m \times n} \sum_{x=1}^{m} \sum_{y=1}^{n} S(x, y) \qquad (1.7)$$

式中，m 和 n 分别为滑动子块的长和宽。

由 SSDA 算法原理可知，SSDA 算法在计算的过程中若大于阈值，则后续的像素不需要进行计算，降低了算法的计算量，因此 SSDA 算法的速度得到了较大的提升。为进一步提高速度，SSDA 算法在滑动子块的过程中可以不滑动到所有的像素上，可以隔行、隔列计算，进行粗糙定位，定位完成后，再对定位区域的 8 邻域的像素进行计算，以完成精确定位。这样可以进一步减少计算量，提高算法效率。

SSDA 算法速度快，计算准确，但难以处理图像旋转、尺度变换、仿射变换等问题。

1.2.6　基于互信息的图像匹配算法

互信息通常用来衡量两个变量间的依赖程度。如果两个变量相互独立，则互信息为 0；如果两个变量具有很强的依赖性，则互信息的数值很大。近年来，基于互信息的图像匹配算法在图像配准 [20-22]、图像检索 [23]、模式识别 [24] 和图像拼接 [25, 26] 中得到了广泛的应用。

两幅图像的互信息的计算公式为

$$MI = \sum_{I_1, I_2} P(I_1, I_2) \lg \frac{P(I_1, I_2)}{P(I_1)P(I_2)} \quad (1.8)$$

式中，MI 为两幅图像的互信息；I_1 和 I_2 为两幅待配准的图像；$P(I_1, I_2)$ 为联合概率密度；$P(I_1)$ 和 $P(I_2)$ 为边际概率密度。

基于互信息的图像匹配算法是计算两幅图像相似度大小的方法，并不能直接应用于图像拼接，其使用方法与上述方法相同。基于互信息的图像匹配算法具有配准精度高、抗干扰能力好、可靠性强等优点，但该算法计算复杂，并且对于旋转问题处理效果不理想、无法处理尺度缩放和仿射变换的问题。

1.3 基于特征的匹配方法

由 1.2 节可知，基于灰度的匹配方法无法直接进行图像的拼接，滑动子块的选取是该类方法难以解决的问题。针对该问题，研究者在参考图像和配准图像中提取稳定的角点或特征点，并以角点或特征点为中心构建子块，计算这些子块的相似度，从而得到两幅图像间的变换关系，此方法称为基于特征的匹配方法。基于特征的匹配方法具有良好的仿射不变性、稳定性和鲁棒性，备受研究者的青睐[27-29]。基于特征的匹配方法，包括以下几种算法：Moravec[14]、Förstner[15]、Susan[16]、Harris[17]、尺度不变特征转换（scale-invariant feature transform, SIFT）[18, 30]、加速稳健特征（speeded-up robust features, SURF）[19]算法等。其中，前四种算法只能进行角点的提取，需配合 1.2 节的匹配方法或其他区域匹配算法进行使用。SIFT 和 SURF 算法具有特征点描述功能，可独立完成特征点的匹配。

基于特征的图像拼接算法流程（图 1.3）如下：第一步，基于特征的图像拼接算法对待拼接的图像进行特征点或角点检测；第二步，基于特征的图像拼接算法将特征点或角点周围的像素作为特征描述子，以进行特征点或角点的匹配；第三步，第二步得到的匹配结果通常包含较多的误匹配，因此基于特征的图像拼接算法需要使用随机抽样一致性[31]（random sample consensus, RANSAC）算法进行精匹配；第四步，基于特征的图像拼接算法根据精匹配的结果计算投影变换矩阵，以进行图像融合，完成图像拼接。

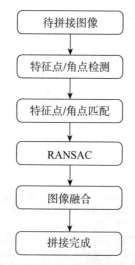

图1.3　图像拼接算法流程图

1.3.1　Moravec 算法

若图像中存在某一点，这个点的位置在任意方向上发生细微的移动都会导致灰度值产生较大的波动，则这个点叫作角点。Moravec 算法是一种基于图像灰度方差的角点检测方法，该算法首先计算图像中每个像素点水平、垂直，正、反对角线四个方向的灰度方差，并选取四个方向方差的最小值作为该点的兴趣值。兴趣值的计算过程为

$$V_1 = \sum_{i=-k}^{k-1} \left[I(c+i,r) - I(c+i+1,r) \right]^2 \tag{1.9}$$

$$V_2 = \sum_{i=-k}^{k-1} \left[I(c+i,r+i) - I(c+i+1,r+i+1) \right]^2 \tag{1.10}$$

$$V_3 = \sum_{i=-k}^{k-1} \left[I(c,r+i) - I(c,r+i+1) \right]^2 \tag{1.11}$$

$$V_4 = \sum_{i=-k}^{k-1} \left[I(c+i, r-i) - I(c+i+1, r-i-1) \right]^2 \qquad (1.12)$$

$$IV = \min (V_1, V_2, V_3, V_4) \qquad (1.13)$$

式中，c 和 r 分别为该像素的坐标；k 为计算区域的半径；IV 为兴趣值。

图像兴趣值计算完成后，Moravec 算法设置一个阈值进行筛选，大于阈值的点即为角点的候选点。Moravec 算法通过局部的非极大值抑制（non-maximum suppression, NMS）来对候选点进行筛选。NMS 可以在一定窗口大小的邻域范围内搜索该区域的最大值，并将其余数值进行抑制。Moravec 算法的阈值需要人为进行设置，Moravec 算法在不同阈值提取角点的结果如图 1.4 所示。

 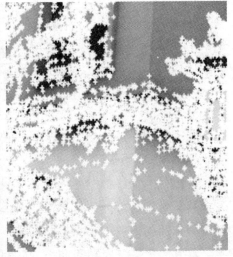

（a）阈值设置过大 　　　　　　　　（b）阈值设置过小

图 1.4　Moravec 算法在不同阈值提取角点的结果

由图 1.4 可知，当阈值设置过大时，Moravec 算法提取的角点数量过少，过少的角点不利于图像间变换关系的计算；当阈值设置过小时，Moravec 算法提取的角点数量过多，后续的角点匹配算法计算复杂度过大。因此，Moravec 算法的阈值通常需要人们结合一定的经验进行设置。

1.3.2 Förstner 算法

Förstner 算法具有计算速度快、精度高的优点。Förstner 算法首先通过 Robert 算子对图像进行计算，计算公式为

$$f_x = f(x+1, y+1) - f(x, y) \tag{1.14}$$

$$f_y = f(x+1, y) - f(x, y+1) \tag{1.15}$$

式中，x 和 y 分别为图像中任意点的横纵坐标；f_x 和 f_y 分别为水平和垂直方向上的偏微分。

然后，Förstner 算法在梯度计算结果的基础上在一定窗口范围内计算协方差矩阵，协方差矩阵为

$$\boldsymbol{Q} = \boldsymbol{N}^{-1} = \begin{bmatrix} \sum f_x^2 & \sum f_x f_y \\ \sum f_y f_x & \sum f_y^2 \end{bmatrix} \tag{1.16}$$

$$\sum f_x^2 = \sum_{i=c-k}^{c+k-1} \sum_{j=r-k}^{r+k-1} \left[f(i+1, j+1) - f(i, j) \right]^2 \tag{1.17}$$

$$\sum f_y^2 = \sum_{i=c-k}^{c+k-1} \sum_{j=r-k}^{r+k-1} \left[f(i, j+1) - f(i+1, j) \right]^2 \tag{1.18}$$

$$\sum f_x f_y = \sum f_y f_x = \sum_{i=c-k}^{c+k-1} \sum_{j=r-k}^{r+k-1} \left[f(i+1, j+1) - f(1, j) \right]$$
$$\times \left[f(i, j+1) - f(i+1, j) \right] \tag{1.19}$$

式中，$\boldsymbol{Q}$ 为协方差矩阵；$\boldsymbol{N}$ 为 $\boldsymbol{Q}$ 的逆矩阵；c 和 r 分别为该像素的坐标；k 为计算区域的半径。

接着，Förstner 算法会计算协方差矩阵的权值和圆度，其计算公式分别为

$$w = \frac{1}{\operatorname{tr} \boldsymbol{Q}} = \frac{\det \boldsymbol{N}}{\operatorname{tr} \boldsymbol{N}} \tag{1.20}$$

$$q = \frac{4\det N}{\operatorname{tr} N^2} \qquad (1.21)$$

式中，w 为协方差矩阵的权值；q 为协方差矩阵的圆度；$\operatorname{tr} Q$ 和 $\operatorname{tr} N$ 分别为矩阵 Q 和 N 的迹；$\det N$ 为矩阵 N 的行列式。

接下来，Förstner 算法分别对权值和圆度设置阈值进行角点候选点的提取，当权值和圆度均大于阈值时即为候选点。最后，Förstner 算法通过 NMS 提取角点。Förstner 算法在不同阈值提取角点的结果如图 1.5 所示。

（a）阈值设置过大　　　　　　　（b）阈值设置过小

图 1.5　Förstner 算法在不同阈值提取角点的结果

由图 1.5 可知，Förstner 算法与 Moravec 算法具有相同的问题，即阈值设置的问题。Förstner 算法的阈值也需要人们结合一定的经验进行设置。

1.3.3　Susan 算法

Susan 算法简单、有效、对噪声不敏感、抗噪能力强，且具有良好的旋转不变性。Susan 算法的计算区域为圆形区域，通过比较圆形区域中心点的像素值与其他像素值的相似程度，然后统计与中心点像素值接近的像素数量。当该数量小于设置的阈值（通常设置为计算区域像素点个数的一半）

时，则该中心点为特征点候选点。

　　Susan 算法的计算区域通常是直径为 7 像素的圆，其中包含 37 个像素，其形状如图 1.6 所示。

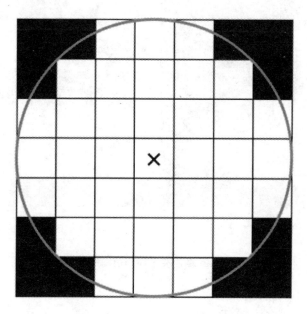

图 1.6　Susan 算法的计算区域

Susan 算法相似程度计算公式为

$$c(r,r_0) = \begin{cases} 1 & |I(r)-I(r_0)| \leqslant T \\ 0 & |I(r)-I(r_0)| > T \end{cases} \tag{1.22}$$

式中，$c(r, r_0)$ 为 Susan 算法的相似程度；$I(r_0)$ 为中心位置的像素值；$I(r)$ 为圆形区域内其他点的像素值；T 为阈值。

　　然后，Susan 算法需计算最小核同值区（univalve segment assimilating nucleus, USAN）的大小，其计算公式为

$$n(x_0, y_0) = \sum_{(x,y) \neq (x_0, y_0)} c(x, y) \tag{1.23}$$

式中，(x_0, y_0) 为中心点像素坐标；n 为当前区域与中心点像素相似的个数。

　　Susan 算法在不同阈值提取角点的结果如图 1.7 所示。由图 1.7 可知，Susan 算法、Moravec 算法和 Förstner 算法具有相同的问题，即阈值设置的

问题。Susan 算法的阈值也需要人们结合一定的经验进行设置。

（a）阈值设置过大　　　　　　　　（b）阈值设置过小

图 1.7　Susan 算法在不同阈值提取角点的结果

1.3.4　Harris 算法

对于角点的检测，Harris 算法依据以下方法进行直观判断：角点是指窗口在水平方向和垂直方向上的移动都导致灰度值产生较大波动的点，即梯度在水平方向和垂直方向上都较大。边界的灰度值在水平方向或者垂直方向上仅有一个方向具有较大的波动，即梯度仅在水平或垂直中的一个方向上较大。平坦区域的灰度值在水平方向和垂直方向上的波动都较小，即梯度在两个方向上都较小。

Harris 算法利用图像的自相关性函数来确定像素点的位置，并构建一个与之相关的 M 矩阵，然后通过比较矩阵的特征值大小判断该点是否为角点。Harris 算法具有较强的稳定性和鲁棒性。

图像 $I(x, y)$ 在任意一点 (x, y) 处平移 (x_1, y_1) 个单位后，图像的自相关性可通过自相关函数公式（1.24）进行表示：

$$E_{x_1,y_1} = \sum_{x,y} w(x,y)\left[I(x,y) - I(x+x_1, y+y_1)\right]^2 = (x_1, y_1)M(x,y)\begin{bmatrix} x_1 \\ y_1 \end{bmatrix} \quad (1.24)$$

式中，$w(x,y)$ 是以点 (x,y) 为中心的高斯窗口函数。$w(x,y)$ 的计算公式为

$$w(x,y) = e^{\frac{-(x^2+y^2)}{2\sigma^2}} \quad (1.25)$$

式（1.24）中，$M(x,y)$ 为点 (x,y) 的自相关矩阵。$M(x,y)$ 的计算公式为

$$M(x,y) = \sum_{x,y} w(x,y)\begin{bmatrix} I_x^2 & I_x I_y \\ I_x I_y & I_y^2 \end{bmatrix} \quad (1.26)$$

式中，I_x 和 I_y 分别为图像中该点的水平方向和垂直方向上的导数。

矩阵 $M(x,y)$ 的两个特征值的大小反映了像素点的突出程度。在实际运用中，Harris 算法通过设置阈值和 NMS 对角点响应函数（corner response function, CRF）进行筛选：如果该 CRF 值大于预设的阈值 T，并且该点的 CRF 值在局部窗口中为最大值，则判断该点为角点。CRF 的定义式为

$$\text{CRF} = \det M - k\left(\text{tr } M\right)^2 \quad (1.27)$$

式中，$\text{tr } M$ 为矩阵 M 的迹；$\det M$ 为矩阵 M 的行列式；k 为经验常数，k 的取值范围为 0.04 ～ 0.06。

Harris 算法具有旋转不变性，即图像中的元素旋转一定角度后，其形状未发生改变，其 CRF 值也保持不变。Harris 算法在图像灰度的仿射变换方面拥有一定的抗性，因为该算法利用了一阶导数，所以该算法在图像平移方面具有一定的不变性。Harris 算法提取的角点不具备尺度不变的特性，且提取的角点是像素级的。

Harris 算法在不同阈值提取角点的结果如图 1.8 所示。由图 1.8 可知，阈值设置过大时，Harris 算法提取的角点数量过少；阈值设置过小时，Harris 算法提取的角点数量过多，且海水区域存在伪角点（伪角点存在于图像纹理变化不明显的区域，其不具备良好的纹理信息，不利于角点的匹配），后续的角点匹配算法的计算量巨大。伪角点的避免并提取合适的特征点数量是 Harris 算法需要解决的问题。

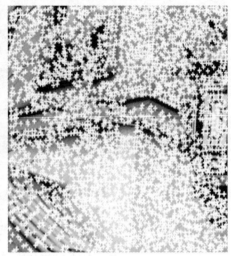

（a）阈值设置过大　　　　　　　　　　（b）阈值设置过小

图 1.8　Harris 算法在不同阈值提取角点的结果

1.3.5　SIFT 算法

SIFT 算法在图像旋转、缩放和仿射变换等方面有良好的不变性，是当前图像拼接领域最热门的算法。SIFT 算法首先建立尺度空间，并在其中寻找特征点位置、方向和尺度。然后，SIFT 算法在特征点的邻域进行八个方向的梯度计算，并以此作为特征点的描述子。最后，SIFT 算法通过计算描述子之间的距离进行特征点匹配，并根据匹配结果进行图像融合。SIFT 算法的具体方法如下。

1. 检测尺度空间极值点

为了使计算机能够模拟图像的多尺度特性，尺度空间理论孕育而生。在建立尺度空间的卷积核选取方面，Koendetink 和 Lindeberg 等人论证了高斯卷积核是唯一能够实现尺度空间建立的线性核 [32-33]。高斯卷积核的计算公式为

$$G(x,y,\sigma) = \frac{1}{2\pi\sigma^2} e^{-\frac{(x-m/2)^2+(y-n/2)^2}{2\sigma^2}} \qquad (1.28)$$

式中，σ 为正态分布的标准差；m 为高斯卷积核的长；n 为高斯卷积核的宽；x 为高斯卷积核对应元素的横坐标；y 为高斯卷积核对应元素的纵坐标。

一幅图像在不同尺度下的尺度空间可由高斯卷积核与图像 $I(x, y)$ 卷积得到

$$L(x,y,\sigma) = G(x,y,\sigma) * I(x,y) \qquad (1.29)$$

尺度空间使用高斯金字塔进行表示，如图 1.9 所示。高斯金字塔的构建过程可分为以下两个阶段：①对图像进行隔点降采样；②将图像与不同尺度的高斯卷积核进行卷积。图 1.10 为图像对应的高斯金字塔。由图 1.10 可知，随着组数的增加，图像的尺寸越来越小，这对应高斯金字塔构建的第一步；在高斯金字塔中，随着层数的增加，图像越来越模糊，这对应高斯金字塔构建的第二步。

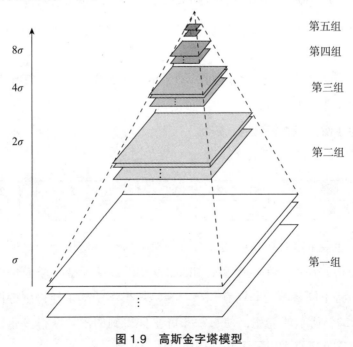

图 1.9　高斯金字塔模型

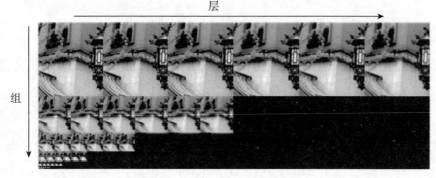

图 1.10　图像对应的高斯金字塔

　　图像金字塔模型是指将原始图像不断降采样，得到一组大小不一的图像，将图像由大到小、由下到上进行排列，从而构造而成的塔状模型。在金字塔模型中，第一层是原图像，金字塔的下一组为上一组降采样的结果。金字塔的组数 n 的计算公式为

$$n = \log_2\big[\min(M, N) - t\big], t \in [0, \log_2\{\min(M, N)\}] \qquad （1.30）$$

式中，M 和 N 分别为原图像的长和宽；t 为塔顶图像的长宽中较小一个的对数值。

　　例如，一幅大小为 1 024 像素 × 1 024 像素的图像，金字塔的组数和每组图像的尺寸见表 1.1 所列。当塔顶图像为 4 像素 × 4 像素时，$n=8$；当塔顶图像为 2 像素 × 2 像素时，$n=9$。

表 1.1　图像大小与层数的关系

图像大小 / 像素	1 024	512	256	128	64	16	8	4	2	1
金字塔组数	1	2	3	4	5	6	7	8	9	10

　　为了让金字塔具备尺度的连续性，笔者将金字塔模型与高斯滤波相结合，从而得到高斯金字塔模型，如图 1.9 所示。高斯金字塔模型的构建方法如下：将不同参数的高斯卷积核与金字塔模型中降采样得到的图像进行如式（1.29）所示的卷积，使每一张降采样得到的图像获得多张图像。笔者通常将金字塔每一组的多张高斯模糊图像称为一组。

　　为使提取的特征点拥有尺度不变性，笔者需在高斯金字塔的基础上建

立高斯差分（difference of gaussian, DOG）金字塔，即相邻的两个尺度空间的函数之差为

$$D(x,y,\sigma) = L(x,y,k\sigma) - L(x,y,\sigma) \tag{1.31}$$

式中，$L(x,y,k\sigma)$ 由式（1.29）得到；k 为两个尺度空间的比例因子。

高斯差分金字塔可通过组内相邻两层图像相减得到，如图 1.11 所示。

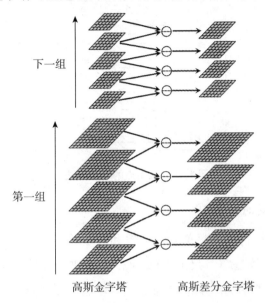

图 1.11　高斯差分金字塔的生成

图 1.10 对应的高斯差分金字塔可视化结果如图 1.12 所示。图 1.12 中变化较大的区域对应图 1.10 中纹理变化较大的区域。

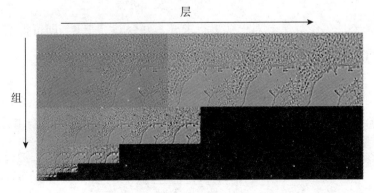

图 1.12　图 1.10 对应的高斯差分金字塔可视化结果

17

特征点是由高斯差分空间的局部极值点组成的。极值点的检测方法如图 1.13 所示，任意点 (x, y) 要与同一层上的 8 个相邻点、上层和下层上的 9 个点分别进行比较。当点 (x, y) 的值为最大值或最小值时，该点是特征点的候选点。DOG 的极值点可以从每个组的中间层（顶层和底层除外）中提取。

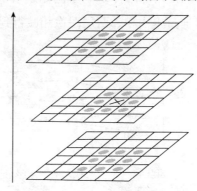

图 1.13 极值点的检测方法

2. 去除不稳定的极值点

通过上述比较得到的极值点的位置和尺度并不准确，为得到极值点的准确信息，SIFT 算法需对尺度空间 $D(x, y, \sigma)$ 进行曲线拟合，并在此过程中去除稳定性较差的边缘响应点与对比度较低的极值点，以提高极值点的抗噪能力和稳定性。

空间尺度函数 $D(x, y, \sigma)$ 在极值点处的泰勒展开为

$$D(X) = D + \frac{\partial D}{\partial X} X + \frac{1}{2} X^{\mathrm{T}} \frac{\partial^2 D}{\partial X^2} X \qquad (1.32)$$

式中，$X=(x, y, \sigma)^{\mathrm{T}}$。笔者对上式进行求导，并令其等于 0，即可得到极值点的偏移量 $\hat{X}$：

$$\hat{X} = -\left(\frac{\partial^2 D}{\partial X_0} \right)^{-1} \frac{\partial D}{\partial X_0} \qquad (1.33)$$

笔者将式（1.33）代入式（1.32），只保留前两项，得

$$D(\hat{X}) = D + \frac{1}{2} \frac{\partial D^{\mathrm{T}}}{\partial X_0} \hat{X} \qquad (1.34)$$

式中，$\hat{X}=(x,y,\sigma)^{\mathrm{T}}$ 为相对插值的中心偏移量。

　　当中心偏移量在水平和垂直的任一方向上的偏差大于 0.5 时，则表示插值出现错误，其插值中心更接近相邻的点，因此 SIFT 算法需更新极值点的位置，并且在新的位置反复进行插值操作，直至收敛为止。若插值的次数超过预设的迭代次数或插值位置不在图像的范围内，SIFT 算法则需要将该极值点删除，在文献 [18] 中迭代次数选取为 5 次。$|D(\hat{X})|$ 过小的极值点易受噪声的影响，从而导致该极值点稳定性较差，因此 SIFT 算法需将 $|D(\hat{X})|$ 小于 0.03 的点删除。

　　由于 DOG 算子会导致较强的边缘响应，所以 SIFT 算法需要滤除稳定性较差的边缘响应点。一个高斯差分算子假如定义得不好，这会导致极值点在与边缘平行的方向上拥有较大的主曲率，而与边缘垂直的方向上拥有较小的主曲率。

　　主曲率可以通过 Hessian 矩阵求解得到

$$\boldsymbol{H}=\begin{bmatrix} D_{xx} & D_{xy} \\ D_{xy} & D_{yy} \end{bmatrix} \tag{1.35}$$

式中，D_{xx}、D_{yy} 和 D_{xy} 分别为 xx 方向、yy 方向和 xy 方向的二阶偏导。

　　主曲率的大小与矩阵的特征值成正比，令其中特征值较大的为 α，特征值较小的为 β，则

$$\mathrm{tr}\,\boldsymbol{H}=D_{xx}+D_{yy}=\alpha+\beta \tag{1.36}$$

$$\det \boldsymbol{H}=D_{xx}D_{yy}-(D_{yy})^2=\alpha\beta \tag{1.37}$$

式中，$\mathrm{tr}\,\boldsymbol{H}$ 和 $\det \boldsymbol{H}$ 分别为矩阵 $\boldsymbol{H}$ 的迹和行列式。

　　令 $\alpha=r\beta$，则

$$\frac{\mathrm{tr}\,\boldsymbol{H}^2}{\det \boldsymbol{H}}=\frac{(\alpha+\beta)^2}{\alpha\beta}=\frac{(r\beta+\beta)^2}{r\beta^2}=\frac{(r+1)^2}{r} \tag{1.38}$$

式中，r 为设置的阈值。

　　当两个特征值相等时，此时 $r=1$，$\dfrac{(r+1)^2}{r}$ 的值最小；当 r 增大时，

$\dfrac{(r+1)^2}{r}$ 的值也相应地增大。其数值越大，说明特征值之间的比值越大，即两个方向上的梯度值比值越大，而边缘正是这样。因此，为了滤除稳定性较差的边缘响应点，SIFT 算法可通过检测是否满足式（1.39）来判断主曲率是否小于某一阈值 r，若小于，则保留该极值点；反之，则删除该点。在文献［18］中，r 设置为 10。

$$\frac{\operatorname{tr} \boldsymbol{H}^2}{\det \boldsymbol{H}} < \frac{(r+1)^2}{r} \tag{1.39}$$

SIFT 算法提取的特征点如图 1.14 所示。由图 1.14 可知，相较于前面的算法，SIFT 算法提取的特征点数量合理，说明 SIFT 算法特征点提取的性能更好。

图 1.14　SIFT 算法提取的特征点

3. 确定关键点主方向

SIFT 算法的旋转不变性与关键点的主方向有关，因此，为使 SIFT 算法具有旋转不变性，须确定关键点的主方向，计算公式为

$$m(x,y) = \sqrt{\left[L(x+1,y) - L(x-1,y)\right]^2 + \left[L(x,y+1) - L(x,y-1)\right]^2} \tag{1.40}$$

$$\theta(x, y) = \arctan\left[\frac{L(x, y+1) - L(x, y-1)}{L(x+1, y) - L(x-1, y)}\right] \tag{1.41}$$

式中，L 为关键点的尺度空间值；式（1.40）和式（1.41）分别为关键点对应的梯度模值和方向。

在实际运算时，SIFT 算法使用直方图统计以关键点为中心的邻域内的梯度方向，直方图的范围为 0°～360°，间隔大小为 10°。直方图的最大值对应的方向即为该区域梯度的主方向，即关键点的主方向。如果直方图中存在大于最大值 80% 的方向，则 SIFT 算法将这些方向设置为关键点的辅方向。所以，每个关键点都可能存在多个方向，这也在一定程度上增加了算法的鲁棒性。

4. SIFT 算法描述子的生成

通过上述步骤，每一个关键点就得到三个信息：位置、尺度和方向。下一个步骤是建立特征描述子，并以一组向量的形式对关键点邻域的图像信息进行描述，使其不受光照、视角等因素影响。SIFT 算法描述子的计算范围应为关键点邻域中具有贡献的像素点，并且描述子应能较好地描述关键点位置的图像信息，且具备独特性，以利于关键点之间的区分和正确匹配。

SIFT 算法的描述子如图 1.15 所示，其生成的具体步骤如下：首先，SIFT 算法根据得到的关键点的主方向进行旋转，以保证描述子在旋转方面具备不变性；其次，SIFT 算法在尺度空间中以关键点坐标为中心选取描述子计算区域，描述子计算区域的半径计算公式为

$$r = \frac{3s\sqrt{2}(d+1)+1}{2} \tag{1.42}$$

式中，r 为描述子计算区域的半径；s 为特征点对应的尺度；d 为描述子计算区域横坐标或者纵坐标上的子块个数（默认为 4），代表划分为 4×4 的区域。

再次，SIFT 算法将描述子计算区域划分为 4×4 的区域，分别计算每个子区域中 8 个方向的梯度累加值，从而得到一个子区域的描述子。由于

子区域共有 16 个，每个子区域的描述子有 8 维，因此每个关键点将会生成 128 维的特征描述子。最后，为减小光照变换的影响，SIFT 算法对描述子进行归一化处理。

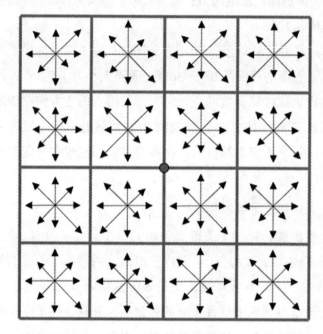

图 1.15 SIFT 算法的描述子

5. 特征点的匹配

特征点的描述子生成完成后，SIFT 算法需对两幅图像的特征点进行匹配，以便计算图像间的变换关系。特征点的匹配步骤如下：首先，SIFT 算法逐一计算第一幅图像中每个特征点的描述子与第二幅图像中的所有描述子的欧氏距离，第一幅图像的每一个特征点计算完成后，使用最近邻距离系数（nearest neighbor distance ratio，NNDR）确定每个特征点的匹配情况；其次，所有特征点都使用 NNDR 匹配完成后，使用 RANSAC 算法去除错误匹配，以得到正确匹配的结果。

特征点描述子之间的欧氏距离计算公式为

$$d(i,j) = \sqrt{\sum_{k=1}^{n}\left[x_i(k) - y_j(k)\right]^2} \qquad (1.43)$$

式中，$d(i,j)$ 为第一幅图像中第 i 个特征点与第二幅图像第 j 个特征点的距离；n 为描述子的维度；$x_i(k)$ 和 $y_j(k)$ 分别为两幅图像中第 i 个特征点和第 j 个特征点的描述子。

NNDR 的主要思想为，比较第一幅图像中第 i 个特征点与第二幅图像所有特征点的距离，并寻找最小距离和次小距离，判断最小距离与次小距离的比值是否小于设置的阈值 Td。若小于，则第一幅图像中第 i 个特征点在第二幅图像中有匹配的特征点，其匹配的特征点为最小距离对应的特征点；反之，则第一幅图像中第 i 个特征点在第二幅图像中无匹配的特征点。笔者使用 NNDR 特征点匹配的结果如图 1.16 所示。

图 1.16　使用 NNDR 特征点匹配的结果

由图 1.16 可知，SIFT 算法使用 NNDR 进行特征点匹配后，依然可能存在误匹配。为滤除错误匹配的结果，通常使用 RANSAC 算法进行筛选，以完成精确的匹配，方便之后计算图像之间的投影变换矩阵并进行图像融合，得到最终的图像拼接结果。

RANSAC 算法的数学原理如下：数量大小为 M 的样本，其正确数量为 N，则每一次抽取到正确数据的概率 $P=N/M$。如果计算模型需要 i 个正确数据，那么能够成功计算的概率为 P^i，此时概率极低；反之其失败的概率为 $(1-P^i)$。如果反复抽取 j 次，那么 j 次抽取都失败的概率为 $(1-P^i)^j$，当抽取次数 j 很大时，该概率就会变得很小，也就意味着 j 次抽取中至少成功一

次的概率 $[1-(1-P^i)^y]$ 会变得足够大。即抽取次数越多，抽到一组正确数据的概率就会越大。

RANSAC 算法能够有效地估计模型的参数，具有一定的抗噪能力。RANSAC 算法要求数学模型明确，只是在统计层面上获得可靠的结果，不能保证其结果的正确性。

RANSAC 算法去除错误匹配特征点的基本步骤如下：① RANSAC 算法在所有的匹配结果中随机选取 4 对匹配的特征点，并计算投影变换矩阵；② RANSAC 算法在一定误差范围内计算所有匹配的特征点中符合该投影变换矩阵的特征点匹配数量，符合的数量越多，则说明当前的投影变换矩阵的正确性越高，记录其数量 $N(i)$，并根据符合的特征点匹配结果更新和记录投影变换矩阵 $H(i)$。③ RANSAC 算法反复进行①和②的步骤，直到达到迭代次数或迭代条件时结束。④迭代结束后，RANSAC 算法寻找并输出最大的 $N(i)$ 对应的投影变换矩阵 $H(i)$。笔者使用 RANSAC 算法去除错误匹配的结果如图 1.17 所示。

图 1.17　使用 RANSAC 算法去除错误匹配的结果

由图可知，RANSAC 算法的运用使错误匹配的结果被有效地去除了。RANSAC 算法的匹配结果将用于准确计算图像间的变换关系，以进行图像的拼接。图像拼接的结果如图 1.18 所示。由图 1.18 可知，SIFT 算法能够准确地完成图像的拼接，且视觉观感良好。

图 1.18　SIFT 算法图像拼接的结果

SIFT 算法具有良好的鲁棒性和稳定性，在图像的特征提取方面拥有极佳的优势，是当前图像拼接领域最热门的算法。但 SIFT 算法的计算量较大，实时性并不理想；对于边缘光滑的物体，SIFT 算法难以精确地提取特征点；由于 SIFT 算法的描述子仅考虑了局部的图像信息，因此对于局部相似度较高的图像，SIFT 算法的误匹配率会较高。

1.3.6　SURF 算法

SIFT 算法的计算量较大，并且对于边缘光滑的物体难以精确地提取特征点。SURF 算法的流程与 SIFT 算法的流程类似，但 SURF 算法对特征点的提取和描述子生成方式进行了改进，使图像拼接的效率得到了提升。SURF 算法的特征点提取和描述子生成方式如下。

1. 基于 Hessian 矩阵的图像尺度空间构建

Hessian 矩阵是一种多元函数的二阶偏导数构成的方阵，描述了函数的局部曲率。对于图像 $I(x, y)$，Hessian 矩阵为

$$H\left[I(x,y)\right]=\begin{bmatrix}\dfrac{\partial^2 I}{\partial x^2} & \dfrac{\partial^2 I}{\partial x\partial y}\\[3mm]\dfrac{\partial^2 I}{\partial x\partial y} & \dfrac{\partial^2 I}{\partial y^2}\end{bmatrix}\qquad(1.44)$$

SURF 算法在构造 Hessian 矩阵前，需使用高斯滤波器（二阶标准高斯函数）对图像 $I(x,y)$ 进行滤波。因此，经过滤波的 Hessian 矩阵为

$$H(x,\sigma)=\begin{bmatrix}L_{xx}(x,\sigma) & L_{xy}(x,\sigma)\\ L_{xy}(x,\sigma) & L_{yy}(x,\sigma)\end{bmatrix}\qquad(1.45)$$

式中，$L_{xx}(x,\sigma)$、$L_{xy}(x,\sigma)$ 和 $L_{yy}(x,\sigma)$ 分别为高斯二阶偏导数 $\dfrac{\partial^2}{\partial x^2}$、$\dfrac{\partial^2}{\partial x\partial y}$ 和 $\dfrac{\partial^2}{\partial y^2}$ 在 (x,y) 处与图像 $I(x,y)$ 的卷积。

由于高斯卷积核服从正态分布，其中心点的系数最高，越往外其系数越低。为了提高算法的速度，SURF 算法使用盒式滤波器来近似替代高斯滤波器，高斯滤波器和盒式滤波器示意图如图 1.19 所示。由图 1.19 可知，相比于高斯滤波器复杂的系数变化，盒式滤波器的系数更为简单。盒式滤波器将原本滤波的卷积运算转换为图像中不同区域的加减运算，其计算更为简便。

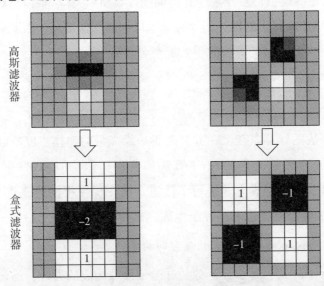

图 1.19　高斯滤波器（上图）和盒式滤波器（下图）

滤波后的 Hessian 矩阵的行列式为

$$\det \boldsymbol{H} = L_{xx}L_{yy} - 0.9L_{xy}^{\ 2} \tag{1.46}$$

式中，对 $L_{xy}^{\ 2}$ 乘以了一个系数 0.9，其目的是平衡使用盒式滤波器导致的误差。

SURF 算法使用近似的 Hessian 矩阵行列式来表示图像中某一点的响应值，遍历图像中所有的点，便形成了在关键点检测的响应图像，然后基于此构建尺度空间。SURF 算法的尺度空间是由多组和多层组成的，该尺度空间不需要对图像的尺寸进行缩小，而是在构建的过程中不断增大盒子滤波模板的尺寸，从而达到类似的效果。

2. 特征点的定位

在尺度空间中，当响应图像的任一点取得局部极大值时，SURF 算法需要判断当前点是否比尺度空间邻域内的 26 个点更亮或更暗，以初步定位关键点的位置，再进一步滤除能量较弱和错误定位的关键点，以筛选出最终的特征点。SURF 算法提取的特征点如图 1.20 所示，对比图 1.14 可知，相比于 SIFT 算法，SURF 算法提取的特征点数量较少，但其数量也较为充足。

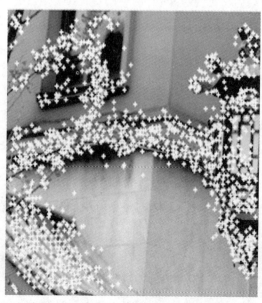

图 1.20　SURF 算法提取的特征点

3.确定特征点主方向

SURF 算法通过圆形邻域内哈尔小波特征确定主方向，其过程如图 1.21 所示。在圆形邻域内设置 60° 扇形区域，该区域以 0.2 弧度为间隔进行旋转，并在每次旋转的过程中统计区域内所有点的水平和垂直哈尔小波特征总和 $S_h(i)$；旋转结束后，最大的 $S_h(i)$ 对应的扇形区域的方向即为特征点的主方向。

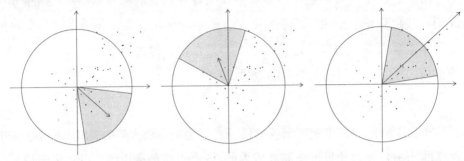

图 1.21　SURF 算法主方向的计算

4.描述子生成

SURF 算法与 SIFT 算法类似，也是以特征点为中心将描述子计算区域划分为 4×4 的子块，每个子块的大小为 25 像素。SURF 算法在每个区域分别统计哈尔小波特征，即水平方向值之和、垂直方向值之和、水平方向绝对值之和，以及垂直方向绝对值之和，从而形成 4×4×4=64 维度的特征描述子，其描述子维度为 SIFT 特征描述子维度的一半，这极大地减少了特征点匹配阶段的时间开销。

5.特征点匹配

SURF 算法的特征点匹配方法与 SIFT 算法类似，都是通过欧氏距离来确定特征点的匹配情况的。但不同的是，SURF 算法还加入了 Hessian 矩阵迹的判断，若两个特征点对应的矩阵迹正、负号相同，则表示这两个特征点在对比度变化上具有相同方向，其存在匹配的可能性；若正、负号不同，则表示这两个特征点在对比度变化的方向上是相反的，其不存在匹配的可能性，这两个特征点不匹配。SURF 算法匹配的结果与 SIFT 算法一样，也存在错误匹配的结果，也需要使用 RANSAC 算法滤除错误匹配。

SURF 特征点匹配的结果如图 1.22 和图 1.23 所示。由图 1.22 可知，NNDR 匹配的结果仍存在一定的错误匹配，因此需要使用 RANSAC 算法去除错误匹配。由图 1.23 可知，使用 RANSAC 算法后，错误匹配均被滤除。结合图 1.16 和图 1.17 可知，与 SIFT 算法相比，SURF 算法匹配的特征点数量更少，这是因为 SURF 算法提取的特征点数量更少。SURF 算法图像拼接的结果如图 1.24 所示，由图可知，SURF 算法准确地完成了图像拼接，具有良好的视觉观感。

图 1.22　使用 NNDR 特征点匹配的结果

图 1.23　使用 RANSAC 滤除错误匹配的结果

图 1.24　SURF 算法图像拼接的结果

1.4　总结

本章介绍了基于灰度的匹配方法和基于特征的匹配方法。其中，基于灰度的匹配方法简单，且匹配的准确性较好，但只能处理简单的图像匹配问题，对于复杂的图像匹配问题，效果往往不佳。基于特征的匹配方法更为复杂，匹配的准确性较好，能够处理较为复杂的图像匹配问题。其中，Moravec 算法、Förstner 算法、Susan 算法和 Harris 算法只能进行角点的提取，需要搭配角点匹配算法进行应用，且这几种算法不具备处理尺度变换的能力，但这几类算法具备较快的速度。SIFT 算法不需要搭配特征点匹配算法进行使用，该算法能够自行完成特征点的匹配，最后搭配 RANSAC 算法滤除错误匹配即可。SIFT 算法具备处理尺度变换和仿射变换的能力，具备良好的鲁棒性，然而该算法计算复杂度较大，实时性不高。SURF 算法对特征点的提取和描述子生成方式进行了改进，具备更快的速度，但匹配的可靠性和拼接质量方面表现不如 SIFT 算法。

综上可知，SIFT 算法具备最好的性能，但并不意味着 SIFT 算法在图像拼接领域具有绝对的统治能力，当需要解决的图像匹配问题不同时，其他的算法也具备良好的表现。当待拼接的图像中只存在平移和旋转问题时，Moravec 算法、Förstner 算法、Susan 算法和 Harris 算法搭配上角点匹配算法具备较快的处理速度和准确性，此时这几种算法无疑是最好的选择。当待拼接图像中存在尺度变换和仿射变换时，SURF 算法和 SIFT 算法都可以进行处理，如果此时对图像拼接的质量有较高要求，那么 SIFT 算法是最好的选择。

第 2 章　基于纹理分类的多阈值
角点检测和区域匹配算法

2.1　概述

图像拼接通常需要提取在图像微区域中提供最大曲率的角点，并对角点进行描述，以进行角点的匹配，Harris 算法是提取角点的主要算法 [17, 34-35]。Harris 算法在稳定性和简便性等方面具有明显的优势，成了当前研究的一个热点。然而，Harris 算法设置的不同阈值将导致提取的角点数量存在显著差异，因此其阈值需要根据不同的图像进行调整 [35]。为了消除手动调整阈值的需要，近十年的文献中已经介绍了多种不同的自适应阈值设置算法。Li 等人提出了一个自适应阈值因子 ρ 来将其调整到一个合理的值，并使用 FÖrstner 算法来识别最佳特征点 [36]。Cui 等人提出了一种基于 Barron 算法的 Harris 角点检测算法，用来计算图像的梯度，然后应用中心 B 样条基函数对图像进行平滑处理，最后进行 NMS 和角点筛选来确定真实的角点 [37]。Barron 算法具有较强的抗噪声能力，并能有效地提取角点。Wang 等人提出了阈值计算算法来避免角点聚簇和伪角点，此算法在阈值设置和特征提取方面取得了理想的效果 [38]。Shen 等人将图像分割成几个独立的块，并采用了一种迭代的方法来确定每个块合适的阈值 [39]。Changan 等人提出了一种用于立体图像特征匹配的 Harris 角点检测算法，并提出了一个阈值算子来获得上、下阈值[40]。

　　然而，单一阈值的检测通常会导致角点分布不合理，并且迭代搜索会导致大量的计算代价。为了解决该问题，本章提出了一种基于纹理分类的多阈值角点检测和区域匹配算法。首先，这种算法根据纹理复杂度将图像分割成四种区域并进行后续计算。其次，这种算法对每个纹理区域提出了不同阈值的计算方法。再次，在匹配过程中，这种算法不采用单一的 NCC 算法，而是不同的区域分别采用 Census 算法、间隔采样的 NCC 算法和完整的 NCC 算法，以提高匹配阶段的效率。最后，这种算法借助 RANSAC 进行精细匹配，并对图像进行融合，从而完成图像拼接。

2.2　算法原理

2.2.1　单一阈值的角点检测

　　Harris 算法的原理如 1.3.4 节所述。Harris 角点检测算法具有高速、高精度的特点。然而，Harris 算法的阈值设置可以直接影响检测效果。为了获得角点，Harris 算法通常采用单一阈值设置和 NMS 进行检测。然而，图像中的纹理复杂度因区域而异，如果采用单一阈值，就会导致角点分布不平衡，即在纹理简单的区域（角点将会受到抑制），较难提取到角点；而在复杂纹理区域，提取的角点数量过多。因为图像的不同，角点检测阈值的设置也会有所差异。当阈值设置不合理时，角点检测的效果不理想，在阈值设置较低的情况下，容易产生伪角点和角点聚簇，如图 2.1（a）所示。图 2.1（a）的①为伪角点，其图像的纹理变化极弱，不能够为角点匹配提供有效信息，因此在算法中应避免伪角点的产生。图 2.1（a）的②为角点聚簇，该区域的角点过于密集，在角点匹配阶段，该部分的角点数量过多，导致计算复杂度较大，角点过于聚集导致对该部分的图像信息进行反复的使用，因此在算法中也应避免角点聚簇。Harris 算法在阈值设置较高的情况下，将导致角点的分布稀疏，角点数量过少，如图 2.1（b）所示，其不足以描述图像特征。

（a）小阈值（①为伪角点，②为角点聚簇）　　　　　　（b）阈值过大

图 2.1　阈值对角点检测的影响

2.2.2　基于纹理分类的多阈值角点检测和区域匹配算法

基于上述问题，本章提出了一种基于纹理分类的多阈值角点检测和区域匹配算法，以防止阈值与纹理复杂度不匹配带来的不利后果。基于纹理分类的多阈值角点检测流程图如图 2.2 所示。该检测包括以下阶段：第一阶段，分割图像子块的预处理；第二阶段，间隔纹理分类；第三阶段，多阈值角点检测；第四阶段，基于纹理分类的角点匹配；第五阶段，图像融合。多阈值角点检测算法主要集中在对第二阶段和第三阶段的改进上。

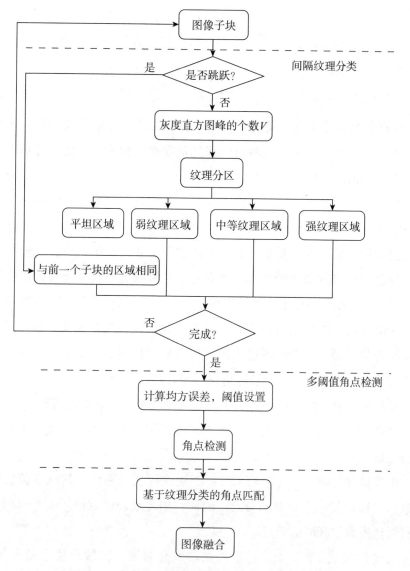

图2.2 基于纹理分类的多阈值角点检测流程图

基于纹理分类的多阈值角点检测和区域匹配算法首先将图像分割为5像素 ×5像素的子块，并对子块使用跳跃的方式计算子块的纹理复杂度，并将每个子块分类到不同的纹理区域。子块分类完成后，基于纹理分类的多阈值角点检测将计算每个纹理区域的均方误差（mean square error，MSE），并进行阈值设置，以完成多阈值角点检测。角点检测完成后，该检测将根据每个纹理区域不同的纹理特性采取不同的匹配方法进行匹配。角点匹配完成后，该检测将计算相应的投影变换矩阵，再进行图像融合，从而完成图像拼接。

1. 间隔纹理分类

纹理信息通常由描述符提供，用于材料分类、对象识别和自然场景识别应用。由于 Harris 角点检测与纹理复杂度密切相关，因此笔者基于纹理复杂度对 Harris 算法进行改进。

在本章中，多阈值设置和后续匹配处理均是在纹理分类的基础上进行的。图像分割为子块后，该检测将计算每个子块的纹理复杂度，并分类到不同的纹理区域。纹理复杂度计算方法如下：在每个子块中，纹理复杂度可以根据灰度直方图峰的个数 V 来描述。V 值越大，对应子块的图像纹理就越丰富。否则，对应子块的纹理就越平坦。子块的纹理分类方式如下。

平坦区域（$V=1$）：子块只有一个灰度值，没有纹理变化。平坦区域的区域纹理信息最为简单，不能为角点检测提供任何有效的信息。因此，为了节省时间，该区域不需要进行角点检测处理。

弱纹理区域（$1 < V \leqslant 5$）：子块纹理变化极小，其纹理信息较为简单，可以提供较少的角点。因此，弱纹理区域使用较小的阈值，有利于增加角点的数量。

中等纹理区域（$5 < V \leqslant 15$）：子块纹理变化明显，其纹理信息较为复杂，可以提供一定数量的角点。因此，中等纹理区域使用中等阈值，能够有效地提取该区域的角点。

强纹理区域（$V > 15$）：子块纹理变化显著，其纹理信息最为复杂，提供角点的概率最大。强纹理区域产生角点聚簇的可能性最大，使用较大的阈值可以有效防止角点聚簇。

由于子块中的灰度级数量与局部区域的纹理密切相关，因此基于每个子块的灰度直方图的纹理分类是极为重要的一个环节，这对后续的流程起着至关重要的影响。尽管每个子块通过逐一计算将会提供关于每个子块的精确复杂度信息，但是所需的计算量相对较大。

实际中的图像将两个相邻的子块分类到同一纹理区域的可能性更高。利用这一特点,笔者提出了一种间隔采样的方法并用于纹理分类,如图 2.3 所示。在纹理分类的过程中,子块并不是逐一进行计算的,而是在计算完一个子块后跳转到间隔的子块进行计算(如图 2.3 所示的深色子块)。然后,运用间隔采样的方法计算并判断两个相邻的深色子块是否属于相同的纹理类型。如果属于相同的纹理类型,则中间的白色子块与其左右相邻的子块属于同一纹理类型的概率很高,将其归类为相同的纹理。如果属于不同的纹理类型,则需要返回并计算白色子块的纹理复杂度,并进行纹理分类。间隔纹理分类的过程将持续扫描整个图像,直到所有子块都被分类并标记为平坦区域、弱纹理区域、中等纹理区域或强纹理区域。

图 2.3　间隔采样的方法

2. 多阈值角点检测

纹理分类完成后,将对不同的纹理区域分别进行阈值的设置。其阈值设置的顺序:强纹理区域、中等纹理区域、弱纹理区域。

对于强纹理区域,该区域具有最复杂的纹理变化,有必要对该区域提取的角点数量进行限制,以避免角点聚簇。其提取角点的方法如下:首先,采用较小的阈值 T_0 来生成过多的角点。其次,该检测方法会对角点的 CRF 值从大到小进行排序,排序完成后,将第 N 个角点对应的 CRF 值作为该区域的阈值,以减少角点数量。其中,N 的大小与强纹理区域的面积密切相关,其计算公式为

$$N = aS + b \qquad (2.1)$$

式中,S 代表强纹理区域的面积;a 和 b 为常数,二者的推荐值分别为 0.005 3 和 43.12。

对于中等纹理区域和弱纹理区域,这两个纹理区域具有相对较弱的纹理变化。本章通过其纹理变化的程度,即采用每个纹理区域的 MSE 来确定这两个区域的阈值。均方误差的计算公式为

$$D = \frac{1}{k}\sum_{s=1}^{k}\sqrt{\frac{1}{m \times n}\sum_{i=1}^{m}\sum_{j=1}^{n}(I_{i,j} - \bar{I})^2} \qquad (2.2)$$

式中, k 为子块的数量; m 和 n 为子块大小; $I_{i,j}$ 为子块中每个像素的灰度值; $\bar{I}$ 为子块灰度值的平均值。

确定阈值的经验公式为

$$T_n = \begin{cases} 0.1 \times T_u, & 0 < D_n \leqslant \dfrac{D_u}{3} \\[2mm] 0.4 \times T_u, & \dfrac{D_u}{3} < D_n \leqslant \dfrac{2 \times D_u}{3} \\[2mm] T_u, & \dfrac{2 \times D_u}{3} < D_n \leqslant D_u \end{cases} \qquad (2.3)$$

式中, T_n 和 D_n 分别为中等纹理区域和弱纹理区域的阈值和均方误差。如果方程（2.3）用于计算中等纹理区域的阈值，则 T_u 和 D_u 分别为强纹理区域的阈值和均方误差; 若用于计算弱纹理区域的阈值，则 T_u 和 D_u 分别为中等纹理区域的阈值和均方误差。

多阈值角点检测可以有效地增加弱纹理区域的角点数量，保持中等纹理区域的角点数量，并减少强纹理区域的角点，以避免角点聚簇，有助于提高角点的分布。

3. 基于纹理分类的角点匹配

通过基于纹理分类的多阈值进行角点提取后，图像需要进行角点匹配，在众多的角点匹配方法中，NCC 算法是常用的算法之一。NCC 算法具有抗噪声能力强、精度高等优点。NCC 算法通过计算相关系数来评估角点的相似性，如公式（1.4）所示。尽管如此，NCC 算法还是需要大量的计算 [41-42]。为了在角点匹配阶段达到最佳的计算效率，根据不同的纹理区域的特征，不同的匹配算法将被应用。

（1）平坦区域。平坦区域不存在角点，因此不需要进行匹配处理。

（2）弱纹理区域。Census 算法是一种非参数变换匹配方法，在大多数的图像噪声和光照变化的场景中具有优异的性能 [43]。在弱纹理区域，角点的分布是稀疏的，这有利于避免 Census 算法对重复或相似纹理敏感的问题，因此 Census 算法适用于弱纹理区域[44]。Census 算法的整体流程如下。

① Census 算法选取中心点的像素作为参考像素，遍历整个角点窗口，以生成 0/1 序列。其中，0 为小于或等于参考像素的点，1 为大于参考像素的点。其过程可表示为

$$\xi\big[I(p),I(q)\big]=\begin{cases}0, & I(q)\leqslant I(p)\\ 1, & I(q)>I(p)\end{cases} \qquad （2.4）$$

式中，q 为中心点对应的像素；p 为角点窗口内除中心点以外的像素。

② Census 算法通过汉明距离确定角点的相似度，即通过对比角点的 0/1 序列对应位置是否相等，若不相等则对应位置的距离为 0，反之为 1。

③ Census 算法通过 NNDR 算法，即最近距离与次近距离的比值确定角点的匹配情况。

（3）中等纹理区域。中等纹理区域的纹理变化并不复杂，并且角点匹配的窗口较大，不需要所有像素都参与 NCC 算法的计算[45-46]。为了加快计算，Census 算法对该区域采用间隔采样的方法，以减少参与 NCC 计算的数据量。间隔采样的方法如图 2.4 所示，图中黑点是参与计算的像素，白点将被去除。

图 2.4　间隔采样的方法

（4）强纹理区域。强纹理区域的纹理信息复杂，每个像素对相似度计算都有显著影响，因此强纹理区域使用完整的 NCC 算法进行计算。

4. 图像配准与融合

角点匹配完成后，为了避免误匹配，会再次采用 RANSAC 算法进行精匹配。精匹配完成后，会运用精匹配的结果计算相应的投影变换矩阵，根据投影变换矩阵可以确定两幅图像之间的几何关系，对图像进行相应的几何变换后就能拼接图像。然而，这种直接进行像素值叠加的方法得到的效果并不一定理想，若图像受亮度改变影响，像素值大小存在一定的差异，此时拼接

的图像在接壤位置会存在鬼影和接缝等对视觉产生影响的痕迹。因此，为了消除这些因素对图像造成的影响，在图像拼接过程中该检测会使用加权平滑算法进行处理[47]，公式为

$$I(x,y) = \begin{cases} I_1(x,y), & (x,y) \in I_1 \\ w_1 I_1(x,y) + w_2 I_2(x,y), & (x,y) \in I_1 \bigcap I_2 \\ I_2(x,y), & (x,y) \in I_2 \end{cases} \quad (2.5)$$

式中，$I_1(x,y)$ 和 $I_2(x,y)$ 分别为两幅待拼接的图像；$I(x,y)$ 为拼接完成的图像；w_1 和 w_2 均为权值，并且 $w_1+w_2=1$，在计算过程中 w_1 由 1 逐渐变为 0，w_2 由 0 逐渐变为 1，从而实现图像之间的平滑过渡。

2.3 实验结果与分析

硬件环境：inter® CORE™ i5-3470 中央处理器（central processing unit, CPU），3.2 GHz；内存 8 GB；64 位 Windows 10 操作系统。图 2.5 显示了三组图像拼接中使用的图像，其中（a）和（b）为 515 像素 × 607 像素，（c）和（d）是 551 像素 × 521 像素，（e）和（f）是 478 像素 × 467 像素。

（a）山脉图像 1   （b）山脉图像 2

图 2.5 待拼接图像

（c）小岛图像1　　　　　　　　（d）小岛图像2

（e）建筑物图像1　　　　　　　（f）建筑物图像2

图2.5　（续）

此外，为了综合评估算法的质量，本节使用全景（panorama）数据集进行图像拼接质量的分析[48]。全景数据集包含沙滩、海岸、城市、山脉、室内、建筑等多种场景，能够比较全面地对算法性能进行有效评估。其部分图像如图2.6所示。

图 2.6 全景数据集部分图像

2.3.1 图像拼接质量的客观评价指标

为评价图像的拼接质量，本章采用结构相似性（structural similarity、SSIM）[49] 和峰值信噪比（peak signal to noise ratio, PSNR）进行评价。SSIM 的计算公式为

$$\mathrm{SSIM}(x, y) = \frac{(2\mu_x\mu_y + C_1)(2\sigma_{xy} + C_2)}{(\mu_x^2 + \mu_y^2 + C_1)(\sigma_x^2 + \sigma_y^2 + C_2)} \tag{2.6}$$

式中，μ_x 和 μ_y 分别为两幅图像灰度值的平均值；σ_x 和 σ_y 分别为两幅图像灰度值的标准差；σ_{xy} 为两幅图像的协方差；C_1 和 C_2 为常数。

PSNR 计算公式为

$$\mathrm{PSNR} = 10\lg\left[\frac{(\mathrm{MAX}_I)^2}{\mathrm{MSE}}\right] = 20\lg\left(\frac{\mathrm{MAX}_I}{\sqrt{\mathrm{MSE}}}\right) \tag{2.7}$$

式中，MAX_I 为图像的最大灰度值，一般情况下其值为 255；MSE 为两幅

图像的均方误差，计算公式为

$$\text{MSE} = \frac{1}{MN} \sum_{i=1}^{M} \sum_{j=1}^{N} [I_1(i,j) - I_2(i,j)]^2 \qquad (2.8)$$

式中，M 和 N 分别为图像的长和宽；I_1 和 I_2 分别为两幅图像。

SSIM 和 PSNR 越大说明图像的相似度越大，差异性越小。

2.3.2　子块大小分析

子块大小的选择需综合纹理分类的准确性和计算效率。关于纹理分类的准确性，由于 CRF 值反映了局部纹理的复杂性，分类后相同的纹理区域的 CRF 值越接近，则说明分类的效果越好，因此子块的大小选择应考虑 CRF 值的波动。标准差则反映了数据的波动性。标准差的数值越小，说明数据波动越小，数据越集中；标准差的数值越大，则说明数据波动越大，数值越分散。因此为了分析子块大小对分类的影响，本章在全景数据集上分析了不同子块大小分类的四个纹理区域 CRF 值的标准差的平均值和时间，其结果如图 2.7 所示。由图 2.7（a）可知，越小的子块具备越小的平均值，说明越小的块分类后的 CRF 值波动越小，其分类越准确。由图 2.7（b）可知，越小的子块，其时间开销越大，4 像素 ×4 像素子块的时间开销显著大于其他的子块。综合考虑这两个因素，5 像素 ×5 像素和 6 像素 ×6 像素的子块均具备较好的表现。若对时间的要求更高，则建议使用 6 像素 ×6 像素的子块；若对分类准确率要求更高，则建议使用 5 像素 ×5 像素的子块。本部分后续的计算均在 5 像素 ×5 像素的子块纹理分类的基础上进行的。

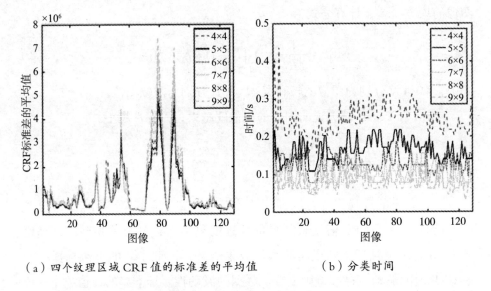

（a）四个纹理区域 CRF 值的标准差的平均值　　　（b）分类时间

图 2.7　子块大小对分类的影响

2.3.3　跳跃间隔纹理分类的结果

　　本章应用跳跃间隔纹理分类的方法进行子块的分类。为了分析提出的跳跃间隔纹理分类方法的可靠性，本章将跳跃步长分别设置为 1 和 2，对图 2.5 的图像进行了分类，并计算了分类的准确率和时间。其结果如图 2.8 所示。由图 2.8 可知，在时间方面，与非跳跃方法相比，跳跃间隔计算方法能够减少大约 30% 的时间。然而，当跳跃步长为 1 和 2 时，它们在时间上并无太大的变化。这是因为跳跃步长为 2 的方法虽然增大了间隔，减少了所需计算的子块，但是间隔的增大，相邻的间隔不同的可能性会增加，并且当相邻的间隔子块不同时，跳跃步长为 2 的方法需要连续计算中间的两个子块。在准确率方面，跳跃步长为 2 的方法的准确率在 96% 以上；跳跃步长为 1 的方法的准确率更高，均在 98% 以上。综上可知，跳跃步长为 1 的方法具有更好的准确率，并且跳跃步长的增大并不会进一步减少纹理分类的时间。因此，本章建议将跳跃步长设置为 1。

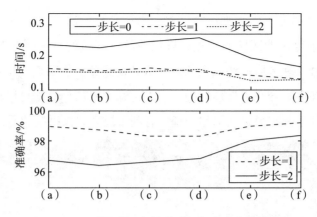

图 2.8 不同跳跃步长对时间和准确率的影响

以图 2.5（a）、（c）、（e）为例，跳跃间隔纹理分类的结果如图 2.9 所示。结合图 2.5 可以看出，强纹理区域对应原图像中纹理最为复杂的区域，而平坦区域则对应图像中纹理最为简单的区域。由此可知，跳跃间隔纹理分类的结果与图像的变化是一一对应的，并且分类的结果是准确的。

图 2.9 跳跃间隔纹理分类的结果

2.3.4 提取角点的分布分析

为了验证 MTTC 算法提取角点的空间分布，本章分别使用传统的 Harris 算法、Cui 的算法[37] 和 MTTC 算法对图 2.5（a）、（c）、（e）进行角点检测，其结果如图 2.10 所示。其中，图 2.10（a）～（c）为三种算法对图 2.5（a）的提取结果，图 2.10（d）～（f）为三种算法对图 2.5（c）的提取结果，图 2.10（g）～（i）为三种算法对图 2.5（e）的提取结果。由图 2.10 可知，传统的 Harris 算法检测的角点集中在纹理复杂的区域，而弱纹理的区域角点数量极少。Cui 的算法检测的角点数量比传统的 Harris 算法检测的数量少，但在分布上呈现为集中于强纹理区域。MTTC 算法减少了强纹理区域的角点，平衡了中等纹理区域的角点，增加弱纹理区域的点，因此 MTTC 算法能够平衡各种纹理区域的特征点数量，有效地避免了伪角点和角点聚簇，提取的特征点在空间分布上更加均匀。综上可知，MTTC 算法可以提取合理数量的角点，并且分布得更加均匀合理，有利于提高图像拼接的质量。

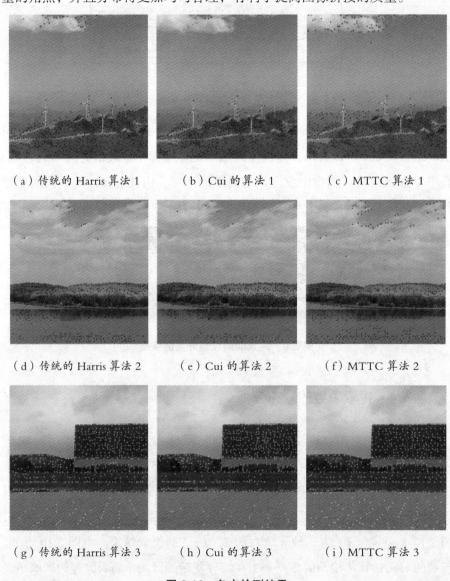

（a）传统的 Harris 算法 1　　（b）Cui 的算法 1　　（c）MTTC 算法 1

（d）传统的 Harris 算法 2　　（e）Cui 的算法 2　　（f）MTTC 算法 2

（g）传统的 Harris 算法 3　　（h）Cui 的算法 3　　（i）MTTC 算法 3

图 2.10　角点检测结果

为了进一步对提取图像的纹理和提取的角点进行分析，本章计算了图2.5的各纹理区域占比和各纹理区域提取的角点数量占比，其结果如图2.11所示。由图2.11（a）可知，在三组图像中平坦区域的占比最少，弱纹理区域和中等纹理区域占有较大的比重，而图像中纹理变化最复杂的强纹理区域却只占图像的20%～30%。由图2.11（b）可知，弱纹理区域提取的特征点数量极少，中等纹理区域次之，而强纹理区域则提供了图像70%以上的角点。结合图2.11（a）和（b）可知，强纹理区域在图像中占较少的比例，但能够提供大量的角点；中等纹理区域占图像较大的比例，其可提取较多的角点；弱纹理区域占图像较大的比例，然而其可提供的角点数量极少。因此，如果对图像的拼接速度有较高的要求，则本章建议忽略弱纹理区域的计算，以提升算法的效率。

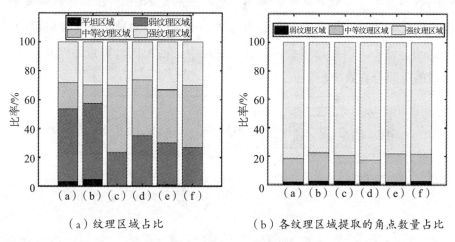

（a）纹理区域占比　　　　　（b）各纹理区域提取的角点数量占比

图 2.11　纹理区域占比和各区域提取的角点数量占比

2.3.5　匹配方法分析

在角点检测后，MTTC 算法通常使用 NCC 算法进行角点匹配。若两幅图像的角点数量分别为 M 和 N，NCC 算法需要 $M \times N$ 次的搜索才能找出匹配的角点。然而，提出的基于纹理分类的多种匹配方法限制了角点匹配过程中的搜索区域，这种方法使弱纹理区域、中等纹理区域、强纹理区域的

搜索次数分别为 $M_w \times N_w$、$M_m \times N_m$ 和 $M_s \times N_s$。两种方法搜索次数的大小关系为

$$M \times N = (M_f + M_w + M_m + M_s)(N_f + N_w + N_m + M_s)$$
$$> M_w N_w + M_m N_m + M_s N_s$$
（2.9）

式中，下标 f、w、m 和 s 分别为平坦区域、弱纹理区域、中等纹理区域和强纹理区域。由式可知，由于引入了额外的纹理分类阶段，因此角点匹配的搜索空间得以减小，匹配阶段的效率得到了提升。

NCC 算法、间隔采样的 NCC 算法和 Census 算法的匹配时间与搜索次数呈线性关系，如图 2.12 所示。由图 2.12 可知，Census 算法的计算最为简单，因此匹配时间最短；间隔采样的 NCC 算法减少了参与 NCC 算法计算的数据大小，因此其匹配时间第二短；最后是 NCC 算法，其计算复杂，因此匹配时间长。结合上面的分析可知，本章一方面减小了匹配阶段的搜索空间，另一方面通过多种匹配的方法减少了匹配的计算量。因此，匹配阶段的时间会有效变短。

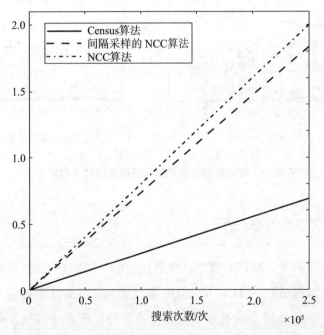

图 2.12　NCC 算法、间隔采样的 NCC 算法和 Census 算法的计算时间与搜索次数

为了验证 MTTC 算法在匹配阶段的效率，在用 MTTC 算法提取角点的基础上，本章分别使用提出的基于纹理分类的多种匹配方法和单个 NCC 进行角点匹配，其结果见表 2.1 所列。由表 2.1 可知，除图 2.5（a）和（b）以外，其余两组图像的初匹配角点数量在应用这两种方法时差别不大，精匹配角点数量也差别不大，说明提出的基于纹理分类的多种匹配方法具有较好的准确性。在时间方面，由于 MTTC 算法只对属于相同纹理区域的角点进行匹配，而不是整个图像的角点，因此减少了角点匹配的搜索空间的大小，提升了匹配阶段的效率。弱纹理区域的 Census 匹配算法、中等纹理区域的间隔采样都可以进一步提升算法的效率，与单个 NCC 相比，整体速度提高了 27.0% ～ 30.0%。

表 2.1　基于纹理分类的多种匹配方法和 NCC 比较

图像	基于纹理分类的多种匹配方法			NCC		
	初匹配角点数量	时间/s	精匹配角点数量	初匹配角点数量	时间/s	精匹配角点数量
图 2.5（a）和（b）	197	2.556	170	207	3.568	178
图 2.5（c）和（d）	123	2.582	83	124	3.687	85
图 2.5（e）和（f）	66	2.119	25	64	2.901	26

2.3.6　算法时间分析

为了验证算法的效率，本章分别使用 Harris+NCC 算法、Cui 的算法和 MTTC 算法对图 2.5 进行拼接，其结果见表 2.2 所列。由表 2.2 可知，在提取的角点数量方面，用 MTTC 算法与 Harris+NCC 算法拼接的结果接近，说明 MTTC 算法能够提取合适的角点数量。在纹理分类的时间方面，MTTC 算法需要 0.2 s 左右的时间完成图像的纹理分类，其仅需少量的时间即可完成纹理的分类，说明 MTTC 算法拼接简单、快捷。在角点检测的时间方面，用 MTTC 算法拼接（不检测弱纹理区域）的时间最小，说明其减少了平坦区域和弱纹理区域，有效地拼接减短了角点检测的时间；用 MTTC 算法拼接（检测弱纹理区域）仅仅减少了平坦区域，而平坦区域占比极少，因此其时间并未减短，并且其增加了弱纹理区域提取的角点数量，因此其角点检测的时间有所增长。在匹配时间方面，用 Cui 的算法和 Harris+NCC 算法拼接的时间成本均较大，MTTC 算法拼接（检测弱纹理区域）次之，最小的是 MTTC 算法拼接（不检测弱纹理区域），说明匹配阶段提出的基于纹理分类的多种匹配方法有效地降低了该阶段的时间成本。在总时间方面，相比于 Harris+NCC 算法拼接，用 MTTC 算法（检测弱纹理区域）拼接的整体时间缩短了 13.9% ~ 19.0%，MTTC 算法（不检测弱纹理区域）剔除了弱纹理区域，整体时间缩短了 23.9% ~ 28.4%，说明提出的基于纹理分类的多阈值角点检测和区域匹配算法方法仅需少量的时间进行图像的纹理分类，但可大幅度降低匹配阶段的时间成本，MTTC 算法具有良好的实效性。由此可见，MTTC 算法有效地提高了图像拼接的效率，当对图像拼接质量有较高要求时，可采用 MTTC 算法（检测弱纹理区域）进行检测；当对算法速度有较高要求时，可采用 MTTC 算法（不检测弱纹理区域）进行检测。

表2.2　各个阶段的时间对比

算法	图像	提取的角点数量	纹理分类的时间/s	角点检测的时间/s	匹配时间/s	图像融合的时间/s	总时间/s
Harris+NCC 算法	图 2.5（a）和（b）	493、532	0.000	0.603	3.579	0.644	4.870
	图 2.5（c）和（d）	551、472	0.000	0.492	3.619	0.525	4.682
	图 2.5（e）和（f）	466、443	0.000	0.459	2.884	0.495	3.884
Cui 的算法	图 2.5（a）和（b）	557、468	0.000	0.670	3.633	0.575	4.922
	图 2.5（c）和（d）	526、512	0.000	0.617	3.637	0.557	4.857
	图 2.5（e）和（f）	452、458	0.000	0.527	2.877	0.484	3.934

续　表

算法	图像	提取的角点数量	纹理分类的时间/s	角点检测的时间/s	匹配时间/s	图像融合的时间/s	总时间/s
MTTC 算法（检测弱纹理区域）	图 2.5（a）和（b）	521、504	0.237	0.627	2.559	0.478	3.945
	图 2.5（c）和（d）	552、490	0.265	0.609	2.582	0.496	3.998
	图 2.5（e）和（f）	478、433	0.209	0.477	2.119	0.493	3.344
MTTC 算法（不检测弱纹理区域）	图 2.5（a）和（b）	511、491	0.238	0.460	2.181	0.562	3.485
	图 2.5（c）和（d）	541、480	0.274	0.475	2.168	0.485	3.448
	图 2.5（e）和（f）	466、416	0.229	0.406	1.758	0.515	2.954

2.3.7　图像拼接结果与质量分析

本章分别使用 Harris+NCC 算法、Cui 的算法和 MTTC 算法对图 2.5 三组图进行角点匹配，正配的结果如图 2.13 所示。由图 2.13 可知，MTTC 算法提取的弱纹理区域、中等纹理区域和强纹理区域的角点均有匹配，相比于 Harris+NCC 算法和 Cui 的算法，MTTC 算法匹配的空间分布更好。

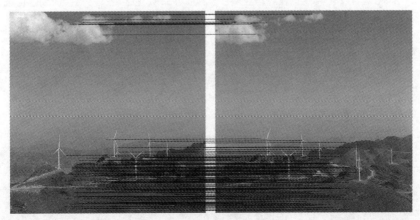

（a）Harris+NCC 算法 1

图 2.13　角点匹配结果

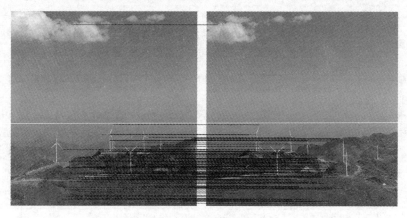

（b）Cui 的算法 1

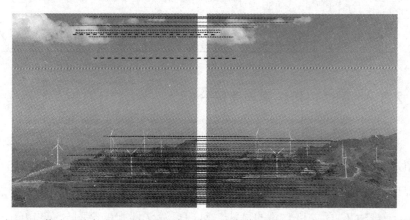

（c）MTTC 算法 1（实线：强纹理区域；点线：中等纹理区域；虚线：弱纹理区域）

（d）Harris+NCC 算法 2

图 2.13 （续）

（e）Cui 的算法 2

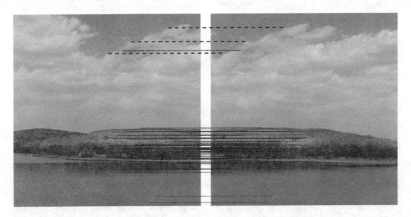

（f）MTTC 算法 2（实线：强纹理区域；点线：中等纹理区域；虚线：弱纹理区域）

（g）Harris+NCC 算法 3

图 2.13 （续）

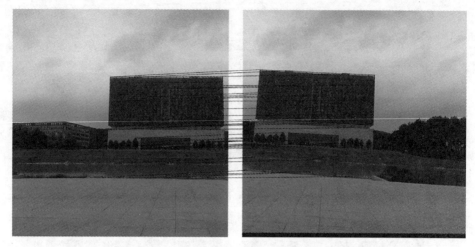

（h）Cui 的算法 3

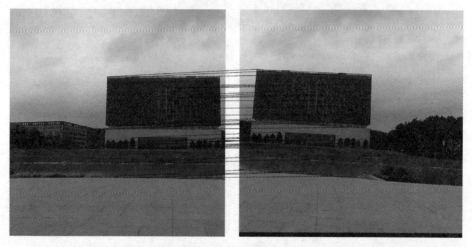

（i）MTTC 算法 3（实线：强纹理区域；点线：中等纹理区域；虚线：弱纹理区域）

图 2.13 （续）

笔者使用 MTTC 算法对图像进行了拼接，图像拼接的结果如图 2.14 所示，可见 MTTC 算法准确地完成了图像拼接，并且拼接后的图像无鬼影和接缝等痕迹，具有良好的视觉观感和拼接质量。

（a）山脉图像

（b）小岛图像

图2.14 图像拼接的结果

（c）建筑物图像

图 2.14 （续）

为了更好地评估用 MTTC 算法拼接的质量，笔者采用 SSIM 和 PSNR
对全景数据集中没有尺度变换的图像组（钻石山、金门、半圆顶、里约热
内卢、上海等五类图像）进行测试，其结果见表 2.3 和表 2.4 所列。由表
2.3 可知，一方面，用 Harris+NCC 算法在多个图像组中拼接的平均值最
差，说明其表现最差，拼接的图像质量不佳；另一方面，其具有较大的标
准差，说明其数据波动较大，用 Harris+NCC 算法处理不同图像时的效果
不稳定。Cui 的算法的 SSIM 的平均值的综合表现略好于 Harris+NCC 算法，
说明其图像拼接的质量有所提升，同时其标准差更小，说明其在处理不同
的图像时，算法的波动较小。MTTC 算法（检测弱纹理区域）在五类图像
上的 SSIM 均具备最好的平均值，说明其综合表现最好，同时具备最小的
标准差，说明其 SSIM 波动最小，在处理不同的图像时，MTTC 算法具备
良好的稳定性。MTTC 算法（不检测弱纹理区域）的平均值和标准差均次
于 MTTC 算法（检测弱纹理区域），说明弱纹理区域的角点对图像的拼接

质量有一定的影响，增加弱纹理区域的角点将有助于图像拼接质量的提升。由表 2.4 可知，各算法在 PSNR 方面的表现与 SSIM 相同，综合两个评价指标可知，MTTC 算法能够有效地提升算法的拼接质量，尤其是 MTTC 算法（检测弱纹理区域），说明 MTTC 算法增加了弱纹理区域的角点，其角点分布更加均匀，使拼接质量得到了提升。

表 2.3　评估结果总结：SSIM

算法		Harris+NCC 算法	Cui 的算法	MTTC 算法（检测弱纹理区域）	MTTC 算法（不检测弱纹理区域）
钻石山	平均值	0.906 0	0.915 5	0.959 2	0.924 5
	标准差	0.072 3	0.063 7	0.041 9	0.064 3
金门	平均值	0.927 2	0.904 3	0.985 2	0.953 0
	标准差	0.072 1	0.072 6	0.013 3	0.035 7
半圆顶	平均值	0.843 5	0.861 0	0.939 2	0.902 4
	标准差	0.080 1	0.077 9	0.045 5	0.051 6
里约热内卢	平均值	0.927 0	0.945 9	0.976 0	0.958 5
	标准差	0.067 9	0.046 2	0.034 4	0.042 2
上海	平均值	0.921 8	0.921 5	0.972 9	0.943 4
	标准差	0.054 6	0.053 0	0.025 1	0.033 5

表 2.4　评估结果总结：PSNR

算法		Harris+NCC 算法	Cui 的算法	提出的算法（检测弱纹理区域）	提出的算法（不检测弱纹理区域）
钻石山	平均值	26.539 1	27.037 0	30.889 1	27.225 3
	标准差	4.168 1	3.692 4	5.838 9	4.940 8
金门	平均值	26.600 5	25.764 8	33.398 3	28.371 8
	标准差	1.987 3	2.085 2	3.695 6	3.472 1
半圆顶	平均值	23.103 7	23.342 8	27.020 9	24.776 8
	标准差	2.511 7	1.933 3	3.683 6	2.460 3
里约热内卢	平均值	26.350 9	27.003 2	31.556 5	28.436 1
	标准差	4.198 8	3.909 6	4.724 0	3.628 7
上海	平均值	26.409 6	26.432 7	32.042 0	27.827 0
	标准差	2.665 5	3.251 1	4.173 9	2.757 5

2.4　结论

　　针对单一阈值导致的角点分布不合理的问题，本章提出了基于纹理分类的多阈值角点检测和区域匹配算法。在纹理分类阶段，MTTC 算法基于灰度直方图判断图像子块的纹理特征，然后将其分为四类，即平坦区域、弱纹理区域、中等纹理区域和强纹理区域，并在此过程中引入了跳跃计算的预测方法，以提高计算效率。在角点检测阶段，MTTC 算法根据不同纹理区域的纹理信息分别进行阈值的设置，使其提取的角点空间分布更合理，有效地避免了伪角点和角点聚簇。在角点匹配阶段，笔者根据不同纹理区域的特性，分别采用 Census 算法、间隔采样的 NCC 和完全 NCC 算法进行角点匹配，与单个 NCC 算法相比，速度提高了 27.0% ～ 30.0%。算法的整体拼接速度提高了 13.9% ～ 19.0%。此外，如果不考虑弱纹理区域，在减少 1.9% ～ 2.5% 的角点的情况下，计算速度可以提高 23.9% ～ 28.4%。与 Harris+NCC 算法和现有算法相比，MTTC 算法拼接的质量最好。综上可知，MTTC 算法提取的角点分布得更均匀，分布更加均匀的角点能够有效地提升算法的效率。MTTC 算法在匹配阶段的效率更高，使算法的整体速度得到了提升。因此，MTTC 算法在对图像拼接质量和速度均具有较高要求的领域具备潜在的应用价值。然而，受限于 Harris 算法和 NCC 算法本身的特征，MTTC 算法只能处理简单的图像匹配问题，对于复杂的图像匹配问题，如尺度变换和仿射变换，MTTC 算法并不能进行处理。因此在进一步的工作中，笔者将对能解决尺度变换和仿射变换问题和具有良好鲁棒性的 SIFT 算法进行研究。

第 3 章　基于相位相关和 Harris 纹理分类的 SIFT 图像拼接算法

3.1　概述

　　SIFT 算法在图像旋转、缩放和仿射变换等方面有良好的不变性，是当前图像拼接领域最热门的算法。然而，SIFT 算法存在提取特征点数目较多、计算量较大等缺点，难以满足工程实际中实时性的要求。针对 SIFT 算法及算法复杂度大的问题，许多研究人员给出了解决方案。刘媛媛等人对图像重叠区域进行检测，并使用基于梯度归一化的特征描述子进行匹配[50]。杨前华等人提出了基于 SIFT 特征的鱼眼图像拼接算法，利用 RANSAC 算法对变换参数进行估计，利用加权平均法对图像进行拼接融合，以减少计算量[51]。赵立杰等人用最近邻算法进行匹配，使用投影变换模型进行空间几何变换，改善 SIFT 算法[52]。王洪光等人提出使用计算统一设备体系结构（compute unified device architecture, CUDA）的二叉树来改进图像拼接技术[53]。徐晓华等人通过建造尺度空间，对空间极值点进行精确定位来提高图像拼接速率[54]。Fidalgo E 等人利用 Edge-SIFT 改进图像，在彩色图像中使用 compass 算子后获得的边缘图像中提取关键点，降低 SIFT 算子维度，加快图像分类[55]。

Zhang W 等人利用非线性各向异性扩散滤波构建光学和合成孔径雷达（synthetic aperture radar, SAR）图像的非线性扩散尺度空间并采用多尺度 Sobel 算子和多尺度指数加权平均算子计算均匀梯度信息，从而加快图像匹配速率 [56]。

目前，计算复杂度仍是 SIFT 算法需要攻克的一大难点，SIFT 算法通过遍历整张图片来寻找特征点和生成描述子，其计算复杂度与图像的大小有着直接联系，但并不是图像中的所有区域都对图像的拼接有帮助，因此本章提出了一种基于相位相关和 Harris 纹理分类的 SIFT 图像拼接算法，以减少图像搜索空间，提升拼接速度。首先，SIFT 算法通过相位相关法获取待拼接图像的重叠区域；其次，使用 Harris 算法将重叠部分图像分为复杂纹理区域和弱纹理区域，进一步减少用 SIFT 算法提取特征点时所需要计算的区域；最后，PCTC-Harris 算法在复杂纹理区域使用 SIFT 算法进行特征点提取、描述子生成和特征点匹配，并使用 RANSAC 算法完成精匹配，再根据匹配的结果计算图像间的投影变换矩阵，以进行图像融合，完成图像的拼接。

3.2　SIFT 算法存在问题

SIFT 算法的原理介绍见 1.3.5 节。图 3.1 为 SIFT 算法特征点的提取结果。由图 3.1 可知，特征点分布于纹理复杂的区域，而纹理较弱的区域（图像灰度值波动较小的区域）却不存在特征点，这说明在图像中只有纹理复杂的区域（图像灰度值波动较大的区域）才能够提取特征点。SIFT 算法特征点的匹配情况如图 3.2 所示。由图 3.2 可知，图像中匹配的区域为两幅图像中均存在的重叠区域。结合图 3.1 可知，在特征点匹配的过程中只有重叠区域的特征点进行了匹配。综上可知，在图像中只有纹理复杂的区域才能提取特征点，并且在特征点匹配的过程中只有重叠区域的特征点能够进行匹配。然而 SIFT 算法在提取特征点的过程中是在整幅图像上进行搜索的，这使 SIFT 算法的计算复杂度巨大。但从上述的分析可知，并不是所有区域都能提取特征点，并且只有重叠区域的特征点才能进行有效的匹配，因此从特征点检测和匹配的角度减少 SIFT 算法的搜索空间，将有助于 SIFT 算法效率的提升。如何精确地确定 SIFT 算法计算区域是一个需要重点解决的问题。

　　　（a）参考图像　　　　　　　　　　　　（b）配准图像

　　（c）参考图像特征点分布　　　　　　　（d）配准图像特征点分布

图 3.1　SIFT 算法特征点的提取结果

图 3.2　SIFT 算法特征点的匹配情况

3.3　PCTC–Harris 算法

3.3.1　PCTC–Harris 算法流程

对于上述的问题，一方面需要确定图像间的重叠区域，另一方面需要确定图像的重叠区域中能够有效提取特征点的区域，为此本章提出了基于相位相关和 Harris 纹理分类的 SIFT 图像拼接算法。本章先使用相位相关算法确定图像的重叠区域，再使用 Harris 算法的 CRF 值确定重叠区域中能够有效地提取特征的区域。PCTC–Harris 算法流程如图 3.3 所示。首先，PCTC–Harris 算法采用相位相关算法将图像分为重叠区域与非重叠区域，并提取图像的重叠区域进行下一步的计算，以减少非重叠区域的计算。其次，PCTC–Harris 算法在重叠区域使用 Harris 算法的 CRF 值对图像进行纹理分类，将图像划分为复杂纹理区域和弱纹理区域，复杂纹理区域存在较多的纹理信息，能够有效地进行特征点的提取；而弱纹理区域的图像纹理信息较少，不能有效地提取特征点。因此，本章仅在复杂纹理区域使用

SIFT算法进行特征点的提取和描述子的生成。再次，PCTC-Harris算法使用 NNDR算法对提取的特征点进行初匹配，并使用 RANSAC 算法进行精匹配。最后，PCTC-Harris 算法根据特征点匹配的结果计算图像间的变换关系和投影变换矩阵，并进行图像融合，以完成图像的拼接。

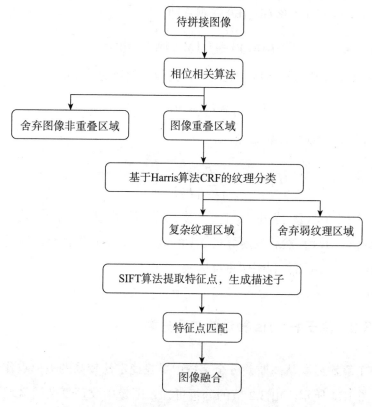

图 3.3 PCTC-Harris 算法流程图

3.3.2 基于相位相关算法获取重叠区域

本章采用相位相关算法计算图像的重叠区域，并在重叠区域进行特征点检测，这样能够有效地避免在整幅图像中寻找有效特征点，从而节省无关区域特征点的检测时间。基于相位相关算法获取重叠区域这种方法还能够去除无用的特征点，从而减少特征点的数量，降低特征点匹配所需搜索的空间大小，减少特征点匹配阶段的时间开销，整体加快图像的拼接速度。

相位相关算法运用傅里叶变换将图像从时域变换到频域，通过求取二者的交叉功率谱来得到一个用于获取图像间的最佳平移量的狄拉克函数，从而确定待拼接图像的重叠区域，具体过程如下。

首先，相位相关算法假设存在 $f_1(x,y)$ 和 $f_2(x,y)$ 两幅存在平移的图像，且 $f_2(x,y)$ 由 $f_1(x,y)$ 平移 (dx,dy) 所得，即

$$f_1(x,y) = f_2\left(x - dx, y - dy\right) \qquad (3.1)$$

将两幅图像映射到频域，此时两幅图像在频域的关系为

$$F_2\left(u,v\right) = F_1\left(u,v\right)\mathrm{e}^{-i2\pi(udx+vdy)} \qquad (3.2)$$

此时，二者的互功率谱为

$$H\left(u,v\right) = \frac{F_1 F_2}{|F_1||F_2|} = \mathrm{e}^{-i2\pi(udx+vdy)} \qquad (3.3)$$

将式（3.3）做傅里叶逆变换，从而得到其冲激响应函数 $\delta(x-dx, y-dy)$，然后只需寻找 δ 中的最大点，该点即两幅图像的最佳平移量 (dx,dy)，从而得到图像重叠区域。

3.3.3　基于 Harris 算法的纹理分类

SIFT 算法需要从高斯差分金字塔中寻找稳定性较高的极值点作为特征点，如图 1.11 所示。由 3.2 节的分析可知，图像中纹理复杂的区域能够有效地提取特征点，而纹理较弱的区域则难以提取有效的特征点。图像中的不同区域所包含的纹理信息和复杂度不同，因此对图像进行纹理分析，分割出能产生有效特征点的复杂纹理区域，以便减少 SIFT 算法计算的空间。为对图像的纹理复杂度进行分析，并对复杂纹理区域进行分割，PCTC-Harris 算法使用 Harris 算法的 CRF 值对图像进行分割。

图 3.1（a）和（b）通过 CRF 计算的结果如图 3.4 所示，图中颜色越亮，则对应的 CRF 值越大。由图 3.4 可知，图像中亮度越高的区域对应图 3.1（a）和（b）中纹理越复杂的区域，亮度越低的区域对应图 3.1（a）和（b）中

纹理越简单的区域。由此可知，Harris 算法的 CRF 值可反映图像纹理的变化强弱，因此本章的基于 Harris 算法的 CRF 进行纹理分类的方法是可行的。

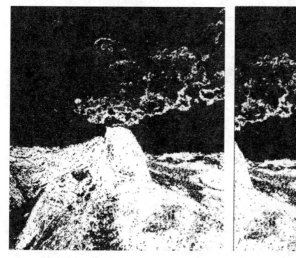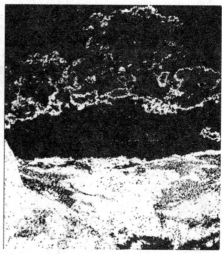

（a）参考图像　　　　　　　　　　　（b）配准图像

图 3.4　Harris 算法的 CRF 计算结果

对通过 Harris 算法的 CRF 计算得到的结果设置阈值，大于或等于阈值的为复杂纹理区域，小于阈值的为弱纹理区域。这样就可完成对图像的纹理分类。

纹理分类设置的阈值对纹理分类的结果有重要的影响。如果设置过大，则复杂纹理区域面积过小，提取的特征点数量过少；如果设置过小，则复杂纹理区域面积过大，其减少的计算空间较小，对算法速度的提升较小。因此，本章将参照如图 3.5（图中 R 代表 CRF）所示的 CRF 值对应的区域对阈值进行设置。由图 3.5 可知，当 $R<0$，即 CRF<0 时，对应的是图像的边缘区域，图像的边缘区域提取的特征点稳定性较差，因此该区域不进行特征点的提取；当 CRF 值很小时，对应的是平坦区域，该区域的纹理信息较弱，无法进行特征点的提取；当 CRF 值较大时，对应的是角点区域，该区域图像有较丰富的纹理信息，可进行有效的特征点提取[57]。当 CRF 为 28 时，图像既存在平坦区域，也存在角点区域，而 PCTC–Harris 算法只需提取图像中的角点区域，因此该阈值不合适。当 CRF ≥ 65 时，图像整体

都属于角点区域，因此此处的阈值设置为 65。

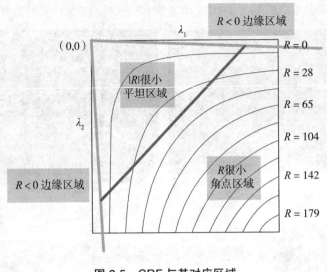

图 3.5　CRF 与其对应区域

3.3.4　特征点提取和描述子生成

纹理分类完成后，我们只在图像重叠部分的复杂纹理区域进行特征点的提取和描述子生成。特征点提取的方法如下：相位相关算法计算得到图像的重叠区域后，使用重叠区域的图像进行高斯金字塔和高斯差分金字塔的搭建，而不是重叠区域中的复杂纹理区域。这样做的原因如下：若把弱纹理区域的图像更改为空值或零，这将会影响弱纹理区域和复杂纹理区域交界处的高斯金字塔和高斯差分金字塔图像的生成，并且这样的操作并不会对特征点提取阶段的时间开销有较大的影响。

在高斯差分金字塔进行空间极值点检测的过程中，本章使用复杂纹理区域的图像进行掩模的操作，即在空间极值点检测之前，先判断该点是否属于复杂纹理区域，若不属于该区域，则这个点不进行后续的空间极值点的判断，直接舍弃该点；反之，则 PCTC-Harris 算法对该点进行空间极值点的判断和后续特征点的判断。在进行高斯差分金字塔的高组中进行极值点检测的过程中，PCTC-Harris 算法也将对复杂纹理区域图像进行和当前高斯差分金字塔相同比例的降采样。特征点提取完成后，PCTC-Harris算法将使用SIFT算法的描述子对特征点进行描述，以生成128维的特征描述子。

3.4　实验结果与分析

本次实验的运行环境是CPU为intel® CORE™ i7-12700F CPU @ 2.10 GHz、内存为16 GB RAM的64位Windows 11操作系统。为验证PCTC-Harris算法的有效性，本节使用两个数据集来评估PCTC-Harris算法。数据集1：包含25对手机和数码相机的图像，图像包括建筑、山脉、城市、河流、农田等的场景，图像具有刚性变换或仿射变换，大小为1 400像素×1 600像素至2 040像素×2 040像素。数据集2：包含30对卫星图像，图像包括山脉、城市、农田、沙漠等的场景，图像具有刚性变换，大小为2 560像素×2 560像素。图3.6为数据集中的部分图像，其中（a）和（b）的大小为1 750像素×1 750像素，（c）和（d）的大小为1 600像素×1 600像素，（e）和（f）的大小为1 750像素×1 750像素。

（a）山脉图像1　　　　　　　　　（b）山脉图像2

图3.6　三组待拼接图像

（c）城市图像1 （d）城市图像2

（e）农田图像1 （f）农田图像2

图3.6 （续）

3.4.1 基于相位相关算法获取重叠区域结果分析

为了分析相位相关算法对图像非重叠区域的影响（减少），本章以图3.6中的三组待拼接图像为例，分别采用 SIFT 算法和 PCTC-Harris 算法进行特征点提取，其特征点分布如图3.7所示，重叠区域占比如图3.8所示。由图 3.7 可知，SIFT 算法提取的特征点数量巨大，且在整幅图像中均匀分布。笔者应用相位相关算法粗略计算得到了图像的重叠区域（长方形框中的区域即为图像间的重叠区域），其特征点均分布于重叠区域内，有效地减少了非重叠区域的特征点。由图 3.8 可知，重叠区域占比为 50.0% ~ 55.6%，经过相位相关算法的计算减少了大量的非重叠区域，图像的计算面积被有效地减少，这有利于提升 SIFT 算法的计算速度。

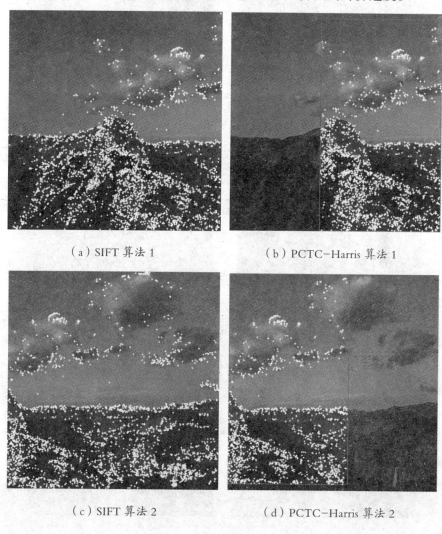

（a）SIFT 算法 1　　　　　　　　　（b）PCTC-Harris 算法 1

（c）SIFT 算法 2　　　　　　　　　（d）PCTC-Harris 算法 2

图 3.7　特征点提取方法对比

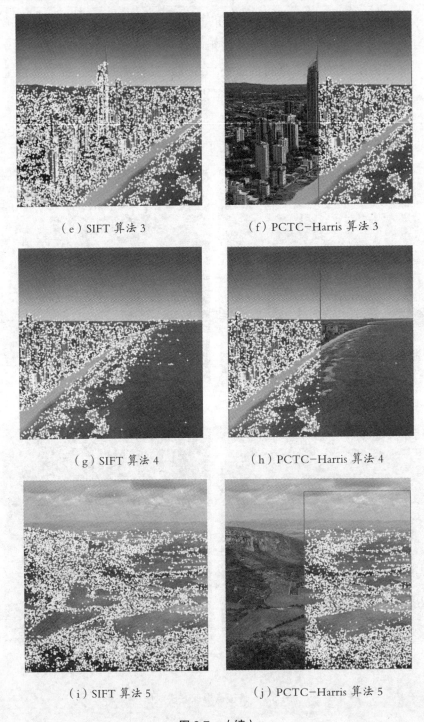

（e）SIFT 算法 3　　　　　　　（f）PCTC-Harris 算法 3

（g）SIFT 算法 4　　　　　　　（h）PCTC-Harris 算法 4

（i）SIFT 算法 5　　　　　　　（j）PCTC-Harris 算法 5

图 3.7　（续）

（k）SIFT 算法 6   （1）PCTC-Harris 算法 6

图 3.7 （续）

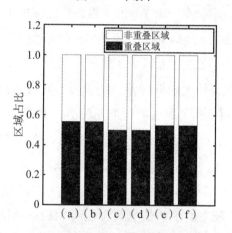

图 3.8 图像的重叠区域占比

为了进一步对相位相关算法进行分析，本部分在数据集 1 和数据集 2 上分别使用 SIFT 算法和 SIFT+ 相位相关算法进行图像拼接，并计算二者的图像计算区域的比例、特征点数量和匹配率，其结果见表 3.1 所列。

表 3.1 相位相关算法分析

特征点提取方法	图像计算区域的比例		特征点数量		匹配率	
	平均值	标准差	平均值	标准差	平均值	标准差
SIFT 算法	1.000 0	0.000 0	14 483.12	14 164.17	0.409 4	0.200 4
SIFT+ 相位相关算法	0.600 4	0.146 8	9 468.69	7 091.26	0.656 5	0.304 7

在图像计算区域的比例的平均值方面，SIFT 算法需对图像进行完整的计算，因此其计算的比例为 1.000 0；SIFT+ 相位相关算法的计算比例为 0.600 4，相比 SIFT 算法，其计算区域的比例减少了 40% 左右。可见，通过 SIFT+ 相位相关算法能够有效地减小算法计算区域。在图像计算区域的比例的标准差方面，SIFT 算法对所有图像都需进行完整的计算，因此其所有图像的计算比例均为 1.000 0，又因数据大小无波动，故其标准差为 0.000 0；SIFT+ 相位相关算法的标准差为 0.146 8，其标准差较小，说明不同的图像在进行相位相关算法计算后减少的区域波动较小。在特征点数量的平均值方面，SIFT 算法较大，说明其提取的特征点数量较多；SIFT+ 相位相关算法的特征点数量平均为 9 468.69，为 SIFT 算法的 65.38%。结合图像计算区域的比例可知，SIFT+ 相位相关算法减少了 40% 左右的计算区域，其特征点数量减少了 34.62%，说明 SIFT+ 相位相关算法减少了非重叠区域的计算，也在一定程度上减少了特征点数量。在特征点数量的标准差方面，SIFT 算法具有较大的标准差，这说明不同的图像提取的特征点数量波动较大；SIFT+ 相位相关算法的标准差较小，说明不同的图像提取的特征点数量波动较小，这也与图像计算面积的降低有关。在匹配率的平均值方面，SIFT 算法的匹配率的平均值较低，说明 SIFT 算法提取的特征点匹配率较低，这是因为图像中非重叠区域的特征点不能进行有效的匹配；SIFT+ 相位相关算法的匹配率的平均值更高，说明 SIFT+ 相位相关算法提取的特征点更为有效，这是因为通过相位相关算法降低了非重叠区域的特征点。在匹配率的标准差方面，SIFT 算法具有更小的标准差，说明不同的图像其提取的特征点匹配率波动较小；而 SIFT+ 相位相关算法的标准差较大，说明其匹配率的波动较大。但 SIFT+ 相位相关算法的平均值显著大于 SIFT 算法，综合两个因素可知，在匹配率方面 SIFT+ 相位相关算法的表现更好。综上可知，SIFT+ 相位相关算法通过相位相关的方法减少了图像非重叠区域的计算，也减少了提取的特征点数量，提取的特征点的匹配率更高，提取的特征点更为有效。

3.4.2　基于 PCTC-Harris 算法的纹理分类结果分析

为了分析使用 PCTC-Harris 算法对图像的纹理分类情况，笔者在图像重叠区域使用 Harris 算法的 CRF 值进行纹理分类，将其分为复杂纹理区域和弱纹理区域，分类结果如图 3.9 所示（白色为复杂纹理区域，黑色为弱纹理区域），纹理分类后特征点提取分布如图 3.10 所示，纹理区域占比情况如图 3.11 所示。由图 3.9 可知，经过纹理分区后，图像被有效地分为了复杂纹理区域和弱纹理区域。结合图 3.7 可知，复杂纹理区域对应于原始图像中纹理复杂的区域，而弱纹理区域则对应于原始图像中纹理简单的区域，可见提出的纹理分区方法效果良好。对比图 3.7 和 3.10 可知，其提取的特征点除弱纹理区域的特征点有所减少外，其余部分的特征点无减少，说明弱纹理区域所含纹理信息较少，其提取的特征点数量极少，可去除对弱纹理区域的特征点检测，从而有效地降低后续算法的计算区域。由图 3.11 可知，弱纹理区域在图像中的占比为 42.1% ～ 60.2%，而复杂纹理区域在图像中的占比为 39.8% ～ 58.9%，复杂纹理区域具有较多的纹理信息，是特征点提取的主要区域。综上可知，提出的纹理分类方法具有良好的效果，PCTC-Harris 算法以损失极小数量的特征点为代价，较大地减少了弱纹理区域的计算，能有效地减少后续算法的计算区域，以提升算法的效率。

（a）山脉图像 1　　　　（b）山脉图像 2

图 3.9　图像纹理分类的结果

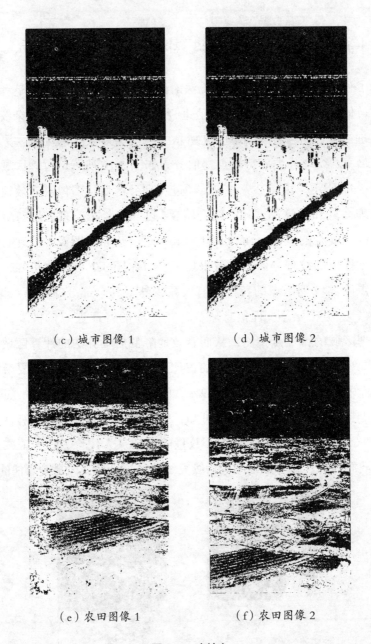

（c）城市图像1　　　　　（d）城市图像2

（e）农田图像1　　　　　（f）农田图像2

图3.9　（续）

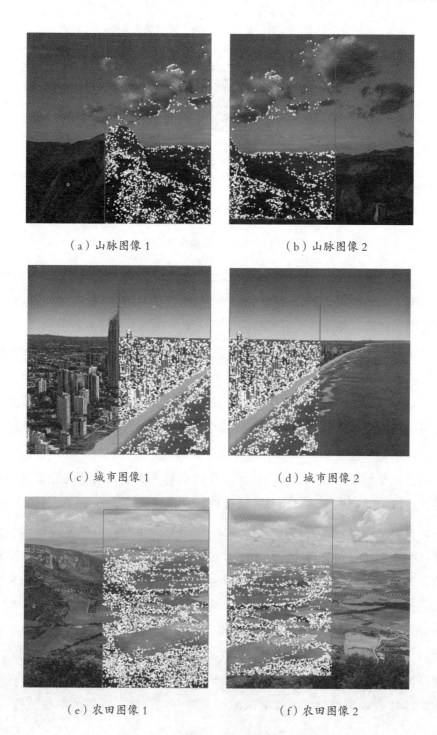

（a）山脉图像1　　　　　　　（b）山脉图像2

（c）城市图像1　　　　　　　（d）城市图像2

（e）农田图像1　　　　　　　（f）农田图像2

图 3.10　图像纹理分类后的特征点分布

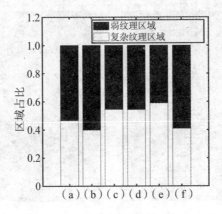

图 3.11　图像的纹理区域占比

　　为了进一步对 PCTC-Harris 算法纹理分类的性能进行分析，本部分在数据集 1 和数据集 2 上分别使用 SIFT+ 相位相关算法和 PCTC-Harris 算法进行图像拼接，并计算二者的图像计算区域的比例、特征点数量和匹配率，其结果见表 3.2 所列。在图像计算区域的比例的平均值方面，PCTC-Harris 算法的计算区域的比例的平均值仅为 0.362 4，相比于 SIFT+ 相位相关算法，其计算区域的比例的平均值降低了 0.238 0 的平均值，图像的计算区域进一步降低。在图像计算区域的比例的标准差方面，PCTC-Harris 算法具有更小的标准差，说明 PCTC-Harris 算法计算后减少的区域波动较小。在特征点数量的平均值方面，PCTC-Harris 算法的特征点数量的平均值更少，其特征点数量是 SIFT+ 相位相关算法提取特征点数量的平均值的 90.12%；在特征点数量的标准差方面，PCTC-Harris 算法提取的标准差更小，说明在处理不同的图像时，PCTC-Harris 算法提取的特征点数量波动更小。结合图像计算区域的比例可知，PCTC-Harris 算法具有和 SIFT+ 相位相关算法数量接近的特征点，但其图像计算区域的比例降低了 0.238 0，可知 PCTC-Harris 算法有效地降低了 SIFT 算法所需计算的区域，却只降低了少量的特征点，说明提出的纹理分类方法具有良好的准确性。在匹配率的平均值方面，PCTC-Harris 算法的匹配率的平均值较高，说明 PCTC-Harris 算法提取的特征点更为有效。在匹配率的标准差方面，两个算法的标准差接近，说明两个算法提取的特征点的匹配率波动接近。综上可知，PCTC-Harris

算法有效地降低了图像计算的区域，并且纹理分类后提取的特征点能够更好地匹配，提取的特征点更为有效，因此 PCTC-Harris 算法能够准确地进行图像的纹理分类。

表 3.2　纹理分类算法分析

特征点提取方法	图像计算区域的比例		特征点数量		匹配率	
	平均值	标准差	平均值	标准差	平均值	标准差
SIFT+ 相位相关算法	0.600 4	0.146 8	9 468.69	7 091.26	0.656 5	0.304 7
PCTC-Harris 算法	0.362 4	0.139 4	8 532.94	6 607.63	0.659 8	0.304 9

3.4.3　算法时间分析

为了验证所提出算法对拼接速度的提升，笔者选用图 3.6 的图像作为测试，并与 SIFT 算法进行比较，图像拼接的各个阶段的时间成本见表 3.3 所列。由表 3.3 可知，PCTC-Harris 算法相比 SIFT 算法增加了两个阶段的时间成本，但这两个阶段分别占总时间的 1.28% ～ 3.42% 和 0.95% ～ 2.62%，只需要极短的时间即可完成这两个阶段的计算，说明这两个阶段的方法简单、快捷。PCTC-Harris 算法通过相位相关算法和纹理分类计算图像有效提取特征点的区域，有效地降低了特征点提取、描述子生成和特征点匹配阶段的时间开销，PCTC-Harris 算法在特征点提取、描述子生成和特征点匹配三个阶段的时间开销分别为 SIFT 算法的 48.12% ～ 56.89%、43.24% ～ 53.13% 和 24.63% ～ 50.42%，极大地降低了三个阶段的时间开销。在总时间方面，PCTC-Harris 算法的时间开销仅为 SIFT 算法的 55.94%、39.84% 和 28.36%，说明 PCTC-Harris 算法有效地提升了图像拼接的效率。综上可知，PCTC-Harris 算法通过相位相关和纹理分类的方法有效地降低了 SIFT 算法的计算区域的大小，使图像拼接的速度得到了较大的提升。

表 3.3 图像拼接算法各阶段时间对比

算法	图像	相位相关算法时间/s	纹理分类的时间/s	特征点提取的时间/s	描述子生成的时间/s	特征点匹配的时间/s	总时间/s
提出的算法	图 3.6（a）和（b）	0.099 6	0.076 3	0.886 8	0.201 7	1.645 9	2.910 3
	图 3.6（c）和（d）	0.090 7	0.055 0	0.860 8	0.324 6	3.070 4	4.401 5
	图 3.6（e）和（f）	0.099 1	0.073 6	1.206 6	0.487 5	5.874 5	7.741 3
SIFT算法	图 3.6（a）和（b）	0.000 0	0.000 0	1.558 7	0.379 6	3.264 1	5.202 4
	图 3.6（c）和（d）	0.000 0	0.000 0	1.788 9	0.689 7	8.568 0	11.046 6
	图 3.6（e）和（f）	0.000 0	0.000 0	2.320 9	1.127 5	23.850 5	27.298 9

3.4.4 PCTC-Harris 算法的图像拼接质量分析

为了验证 PCTC-Harris 算法的拼接质量，使用特征点数量、特征点匹配情况、匹配率，以及图像拼接的重叠区域的 SSIM 和 PSNR 对图 3.6 的图像进行分析，并与 SIFT 算法进行对比，其结果见表 3.4 所列。由表 3.4 可知，在特征点数量方面，PCTC-Harris 算法提取的特征点数量显著低于 SIFT 算法提取的特征点数量，这是因为 PCTC-Harris 算法通过相位相关和纹理分类有效地降低了 SIFT 算法所需计算的区域，从而导致其提取的特征点数量降低。在初匹配和精匹配的特征点数量方面，相比于提取的特征点数量，PCTC-Harris 算法匹配的特征点略少于 SIFT 算法，说明 PCTC-Harris 算法虽然极大地减少了 SIFT 算法计算的区域，但其有效匹配的特征点数量减少较少。在匹配率方面，PCTC-Harris 算法的匹配率显著高于 SIFT 算法，说明 PCTC-Harris 算法提取有效特征点的可能性更高。在 SSIM 和 PSNR 方面，PCTC-Harris 算法和 SIFT 算法的差距较小，说明

PCTC-Harris 算法具有良好的拼接质量。此外，图 3.6 的图像拼接结果如图 3.12 所示。由图 3.12 可知，PCTC-Harris 算法和 SIFT 算法在视觉观感上无明显差异，这也说明 PCTC-Harris 算法具有良好的拼接结果。

表 3.4　图像拼接算法的拼接质量对比

算法	图像	特征点数量	初匹配特征点数量	精匹配特征点数量	匹配率	SSIM	PSNR
提出的算法	图 3.6（a）和（b）	2 488、1 850	1 257	1 091	0.438 5、0.589 7	0.994 9	44.550 6
	图 3.6（c）和（d）	3 432、3 438	3 323	3 287	0.957 8、0.956 0	0.999 5	47.120 1
	图 3.6（e）和（f）	6 531、3 907	2 557	2 236	0.342 4、0.572 3	0.991 5	39.517 7
SIFT算法	图 3.6（a）和（b）	3 942、3 787	1 654	1 361	0.345 3、0.359 4	0.997 6	42.879 4
	图 3.6（c）和（d）	10 008、4 529	4 097	3 472	0.347 8、0.768 6	1.000 0	55.830 0
	图 3.6（e）和（f）	13 817、9 906	4 187	3 403	0.246 3、0.343 5	0.997 1	39.561 6

（a）PCTC-Harris 算法 1　　　　　（b）SIFT 算法 1

图 3.12　图像拼接结果

（c）PCTC-Harris 算法 2　　　　　　　　（d）SIFT 算法 2

（e）PCTC-Harris 算法 3　　　　　　　　（f）SIFT 算法 3

图 3.12　（续）

3.4.5　算法综合性能分析

为进一步对 PCTC-Harris 算法进行更好的评价，本章在数据集 1 和数据集 2 上分别使用 PCTC-Harris 算法和 SIFT 算法进行图像拼接，并计算其拼接时间、匹配率、图像拼接的重叠区域的 SSIM 和 PSNR，其结果见表 3.5 所列。由表 3.5 可知，在图像拼接时间的平均值方面，PCTC-Harris 算法在两个数据集上均明显小于 SIFT 算法，其时间成本分别为 SIFT 的 54.86% 和 36.94%，极大地降低了算法的时间开销。在图像拼接时间的标准差方面，PCTC-Harris 算法的标准差更小，说明处理不同的图像时，其所需的时间成本波动更小，算法的鲁棒性更强。在匹配率的平均值方面，PCTC-Harris 算法的匹配率的平均值显著高于 SIFT 算法，说明 PCTC-

Harris 算法有效匹配的可能性更高。在匹配率的标准差方面，PCTC-Harris 算法的标准差较大，说明处理不同的图像时，PCTC-Harris 算法的特征点匹配率波动较大。但结合平均值可知，PCTC-Harris 算法在匹配率方面的综合表现优于 SIFT 算法。在 SSIM 和 PSNR 的平均值方面，在数据集 1 中，PCTC-Harris 算法的表现略优于 SIFT 算法；但在数据集 2 上，则是 SIFT 算法的表现略优于 PCTC-Harris 算法。综合来看，PCTC-Harris 算法和 SIFT 算法的图像拼接质量较为接近，说明 PCTC-Harris 算法具有良好的图像拼接质量。在 SSIM 和 PSNR 的标准差方面，除数据集 2 的 PSNR 的标准差比 SIFT 算法的标准差更低，其余的均是 PCTC-Harris 算法的标准差更低，说明 PCTC-Harris 算法的图像拼接质量波动较小；但从数值上来看，PCTC-Harris 算法和 SIFT 算法的差距较小，说明二者处理不同图像时，图像的拼接质量波动差异较小。综上可知，PCTC-Harris 算法能够提取有效匹配的特征点的能力更强，图像的拼接时间成本更小，并且 PCTC-Harris 算法具有良好的拼接质量。

表 3.5　算法综合性能对比

数据集		数据集1		数据集2	
算法		SIFT算法	PCTC-Harris 算法	SIFT算法	PCTC-Harris 算法
图像拼接时间/s	平均值	18.974 8	10.409 2	220.061 8	81.287 7
	标准差	22.424 4	13.567 7	236.383 6	81.309 6
匹配率	平均值	0.373 7	0.556 3	0.438 2	0.746 1
	标准差	0.243 7	0.328 3	0.153 9	0.256 1
SSIM	平均值	0.794 4	0.794 8	0.964 4	0.958 2
	标准差	0.328 6	0.287 4	0.182 2	0.181 2
PSNR	平均值	25.903 9	27.086 3	44.620 6	44.329 3
	标准差	16.277 6	15.382 8	18.331 2	18.414 7

3.5 结论

针对 SIFT 图像拼接算法计算复杂程度过高的问题，本章提出基于相位相关和 Harris 纹理分类的 SIFT 图像拼接算法。该算法首先使用相位相关法计算待拼接图像的重叠区域，以减少非重叠区域的无效计算。其次使用 Harris 算法的 CRF 对待拼接图像的重叠区域进行计算，并设置阈值将重叠区域分为弱纹理区域和复杂纹理区域，复杂纹理区域具备复杂的纹理信息，其可进行有效的特征点的提取，以去除不能有效提取特征点的区域的计算，进一步减小 SIFT 算法的计算区域。最后该算法仅在复杂纹理区域使用 SIFT 算法进行特征点提取、描述子生成和特征点匹配，以完成图像的拼接。实验结果表明，PCTC-Harris 算法具有更好的匹配率，说明 PCTC-Harris 算法提取有效特征点的能力更强；并且 PCTC-Harris 算法在具有良好的图像拼接质量的前提下，具备更快的图像拼接速度，在两个数据集上 PCTC-Harris 算法的图像拼接时间仅分别为 SIFT 的 54.86% 和 36.94%。由此可见，PCTC-Harris 算法在对拼接速度有较高要求的领域具有潜在的应用价值。然而，当前对图像拼接算法的加速仅集中于预处理阶段，其算法的拼接速度提升有限，在今后的工作中，将研究如何从多个方面对图像拼接速度进行提升。

第 4 章　基于相位相关和纹理分类的 SIFT 图像拼接算法

4.1　概述

SIFT 算法虽具备良好的性能，但其计算复杂度较大，难以满足工程上实时性的要求。近年来，众多的研究人员对 SIFT 算法的各个阶段提出了解决方案。蔡怀宇等人结合边缘检测分割出边缘信息丰富的子区域，限制了 SIFT 算法特征点提取的区域 [58]。李玉峰等人对待拼接图像进行四等分，并通过图像能量的 NCC 系数计算分割子块的相似度，将 SIFT 算法的计算空间限制在相似子块内 [59]。刘杰等人通过图像之间共享信息量的相似性对图像区域进行划分，将 SIFT 算法的计算空间限制在相似重合区域 [60]。Shi 等人通过模糊 k 均值聚簇（fuzzy C-means, FCM）算法计算图像重叠区域特征块 [61]。杨宇等人引入 HSI 颜色空间（hue saturation intensity color space）对 RANSAC 算法进行约束，从而提高了特征点匹配的速度 [62]。常伟等人基于最近邻搜索算法改善特征点匹配过程，提升了算法的时效性 [63]。Ma 等人提出了一种引导局部保持的匹配方法，提升了匹配阶段的效率 [64]。王超等人使用 RANSAC 算法进行粗匹配，再使用最小二乘法进行精匹配，提升了匹配的效率 [65]。Ke 等人通过主成分分析算法对描述子的维度进行降维，从而加速了特征点匹配阶段的时间[66]。

上述研究对图像拼接的效率进行了改进，但这些研究通常只集中于其中的一个阶段进行改进。第 2 章的纹理分类算法能够有效地提高图像拼接的效率，因此本章将第 2 章的纹理分类算法引入 SIFT 算法中进行改进，并结合相位相关算法和基于纹理分类的特征点匹配，提出了基于相位相关和纹理分类的 SIFT 图像拼接算法。本章主要工作如下：基于相位相关算法计算图像的重叠区域，排除非重叠区域的无用计算；基于图像纹理复杂度进行跳跃子块的纹理分类，排除不能有效提取特征点区域的计算；提取的特征点的匹配只能在相同的纹理区域进行，减小了特征点匹配阶段所需的搜索空间的大小，提升了特征点匹配阶段的效率。

4.2 PCTC–SIFT 算法

4.2.1 提出算法的流程

由第 3 章可知，SIFT 算法需要对整张图像进行详细的计算，然而并不是所有区域都能提取有效的特征点。在图像中，只有重叠区域中纹理较为复杂的区域能够提取有效的特征点，因此如何确定图像中重叠区域的复杂纹理区域显得尤为重要。

对于上述的问题，本章将第 2 章的纹理分类方法引入 SIFT 算法中，并进行改进，同时增加了相位相关算法。本章还在相位相关和纹理分类的基础上，增加了基于纹理分类的特征点匹配方法，使算法的匹配阶段速度得到提升。PCTC-SIFT 算法的流程图如图 4.1 所示。由图 4.1 可知，PCTC-SIFT 算法主要包含以下的三个阶段：重叠区域的计算、跳跃纹理分类，以及特征点的提取和匹配。在重叠区域的计算阶段，本章使用相位相关算法进行重叠区域的计算，以避免非重叠区域的无用计算。在跳跃纹理分类阶段，PCTC-SIFT 算法将通过相位相关算法提取得到的重叠区域图像分成一个个独立的子块，并统计每个子块的灰度直方图峰的个数，并按照灰度直方图峰的个数的多少对子块进行纹理分类，即将子块分为弱纹理区域、中等纹理区域和强纹理区域；所有的子块纹理分类完成后，弱纹理区域的纹理变化较弱，不能提取有效的特征点，因此该区域不进行特征点提取，而中等纹理区域和强纹理区域具有较为丰富的纹理信息，可进行有效的特征点提取，因此，使用这两个区域进行后续的计算。在特征点的提取和匹配阶段，首先对中等纹理区域和强纹理区域使用 SIFT 算法进行特征点提取和描述子生成；其次使用基于纹理分类的特征点匹配方法进行特征点的初匹配；再次使用 RANSAC 算法得到精匹配的结果；最后根据特征点匹配的结果计算图像间的变换关系，以完成图像的融合。

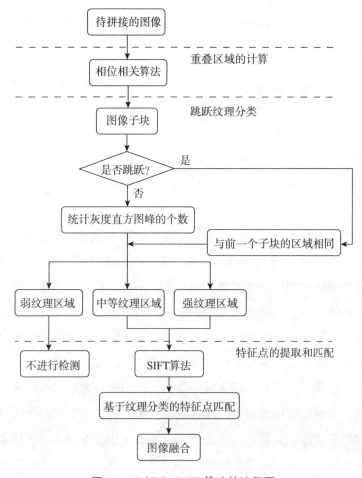

图 4.1　PCTC-SIFT 算法的流程图

4.2.2 相位相关算法

通常 SIFT 算法需要对整幅图像进行计算，以提取特征点。然而在图像中，并不是所有区域提取的特征点都能进行有效的匹配。只有重叠区域的特征点才能进行有效的匹配，非重叠区域的特征点对图像的匹配并不能提供任何有用的信息，因此如何确定重叠区域，并在重叠区域进行有效的计算显得尤为重要。为此，本章在 SIFT 算法进行计算前使用相位相关算法来初步确定重叠区域。

相位相关算法首先通过傅里叶变换将图像变换到频域，然后使用归一化的交叉功率谱计算两幅图像的平移参数。相位相关算法的具体细节见3.3.2。

4.2.3 图像的纹理分类

由 3.2 节的分析可知，在图像中，纹理复杂的区域容易提取特征点，而纹理较弱的区域则难以提取有效的特征点。在图像中，总是存在着多种纹理信息，因此本算法需要对图像的纹理进行分析，分割出能提取有效特征点的纹理区域，以便减少 SIFT 算法非必要区域的计算。

得到图像的重叠区域之后，本章使用类似第 2 章的纹理分类方法，但本章在第 2 章的基础上进行了改进。第 2 章将图像分为平坦区域、弱纹理区域、中等纹理区域和强纹理区域，但在图像中，平坦区域无法提取角点，弱纹理区域必须以较小的阈值才可以提取极少的角点，中等纹理区域可以提取较多的角点，强纹理区域则可提取大量的角点。第 2 章后续的分析部分证明了若不检测弱纹理区域则可更好地提高图像拼接的效率，因此本章为获得更快的效率，选择不进行弱纹理区域的检测，将图像分为三类纹理区域，即弱纹理区域、中等纹理区域和强纹理区域。其中，弱纹理区域包含了之前的平坦区域和弱纹理区域。此外，第 2 章还证实了大小为 5 像素 ×5 像素和 6 像素 ×6 像素的子块均具有良好的准确率和效率，但 6 像素 ×6 像素的时间成本相对更低，因此本章将把图像分割为 6 像素 ×6 像素的子块，并统计每个子块的灰度直方图峰的个数来进行纹理的分类。具体的纹理分类细节如下。

（1）弱纹理区域：灰度直方图峰的个数 ≤ 7。该类子块的纹理信息较为简单，纹理波动较小，难以有效地提取特征点，因此该类子块所属的弱纹理区域不进行特征点的提取，以减少非必要的时间成本。

（2）中等纹理区域：7 < 灰度直方图峰的个数 ≤ 21。该类子块的纹理信息较为复杂，纹理波动较大，可以有效地提取特征点，因此该类子块所属的中等纹理区域需要进行特征点的提取。

（3）强纹理区域：灰度直方图峰的个数 > 21。该类子块的纹理信息最为复杂，纹理波动最大，是特征点提取的最主要的区域，能提取大量的特征点，因此该类子块所属的强纹理区域需要进行特征点的提取。

对所有的子块逐一进行纹理分类能够取得良好的效果，但其时间开销较大，因此本章使用第 2 章中的跳跃方式进行纹理的分类，其具体细节见2.2.2 节。

4.2.4 特征点提取和描述子生成

纹理分类完成后，PCTC–SIFT 算法只在图像重叠部分的中等纹理区域和强纹理区域进行特征点的提取和描述子生成。PCTC–SIFT 算法特征点提取的方法如下：使用相位相关算法计算得到图像的重叠区域后，使用重叠区域的图像进行高斯金字塔和高斯差分金字塔的搭建，而不使用重叠区域的中等纹理区域和强纹理区域。这样做的原因如下：若把弱纹理区域的图像更改为空值或零，将会影响弱纹理区域和中等纹理区域、强纹理区域交界处的高斯金字塔和高斯差分金字塔的生成，并且这样的操作并不会对特征点提取阶段的时间成本有较大的影响。

在高斯差分金字塔进行空间极值点检测的过程中，本章使用中等纹理区域和强纹理区域的图像进行掩模的操作，即在空间极值点检测之前，先判断该点是否属于中等纹理区或强纹理区域。若不属于这两个区域，则这个点不进行后续的空间极值点的判断，直接舍弃该点；反之，则对该点进行空间极值点的判断。在进行高斯差分金字塔的高组进行极值点检测的过程中，PCTC-SIFT 算法也将对中等纹理区域和强纹理区域的图像进行和当前高斯差分金字塔相同比例的降采样。并且在极值点检测的过程中，PCTC-SIFT 算法将根据极值点所属的纹理区域对提取的特征点进行标记，以便在特征点匹配阶段限制特征点匹配搜索的空间。特征点提取完成后，PCTC-SIFT 算法将使用 SIFT 算法的描述子对特征点进行描述，以生成 128 维的特征描述子。

4.2.5 基于纹理分类的特征点匹配

描述子生成后，PCTC-SIFT 算法需对特征点进行匹配。SIFT 算法在进行匹配时，需计算两幅图像间的特征点描述子之间的距离，计算公式为

$$d(i,j) = \sqrt{\sum_{k=1}^{n}\left[x_i(k) - y_j(k)\right]^2} \qquad (4.1)$$

式中，$d(i,j)$ 为第一幅图像中第 i 个特征点与第二幅图像第 j 个特征点的距离；n 为描述子的维度；$x_i(k)$ 和 $y_i(k)$ 分别为两幅图像中第 i 个特征点和第 j 个特征点的描述子。

得到第一幅图像的一个特征点与第二幅图像所有的特征点的距离后，PCTC-SIFT 算法使用 NNRD 确定特征点的匹配情况。如果第一幅图像的特征点数量为 M，第二幅图像的特征点数量为 N，那么在特征点匹配的过程中，描述子之间的距离的计算次数为 $M \times N$，其所需的计算次数较大，导致匹配阶段的时间成本较大。针对该问题，本章提出了基于纹理分类的特征点匹配方法，此时第一幅图像的特征点并不会对第二幅图像中所有的特征点进行描述子距离的计算，而是先判断第二幅图像的特征点是否与当前的特征点属于相同的纹理区域。若是相同的纹理区域，则计算描述子之间的距离；否则，两点的纹理类型不同，匹配的可能性较低，故排除该点的计算。如果第一幅图像的中等纹理区域和强纹理区域的特征点数量分别为 M_m 和 M_s，第二幅图像的中等纹理区域和强纹理区域的特征点数量分别为 N_m 和 N_s，那么特征点匹配的过程中，描述子之间的距离的计算次数为

$M_m \times N_m + M_s \times N_s$。由此可知，本章提出的基于纹理分类的特征点匹配方法和传统的匹配方法计算次数之间的关系式为

$$M \times N = (M_m + M_s) \times (N_m + N_s) > M_m \times N_m + M_s \times N_s \qquad （4.2）$$

由式（4.2）可知，本章提出的基于纹理分类的特征点匹配方法的计算次数明显小于传统的匹配方法，从而降低匹配阶段的时间成本。使用提出的基于纹理分类的特征点匹配方法完成特征点的描述子之间的距离计算后，使用 NNRD 和 RANSAC 确定特征点的匹配情况。PCTC–SIFT 算法根据特征点匹配的结果计算图像间的投影变换矩阵，并根据投影变换矩阵和 2.2.2 节的图像融合方法进行图像的融合，以完成图像的拼接。

4.3　实验结果与分析

本次实验的运行环境是 CPU 为 intel® CORE™ i7-12700F CPU @ 2.10 GHz、内存为 16 GB RAM 的 64 位 Windows 11 操作系统。为验证提出算法的有效性，本章使用两个数据集来评估 PCTC–SIFT 算法。数据集 1：包含 30 对手机和数码相机的图像，图像包括建筑、山脉、城市、河流、农田等场景，图像具有刚性变换或仿射变换，大小为 1 400 像素 ×1 710 像素至 2 040 像素 ×2 040 像素。数据集 2：包含 20 对卫星图像，图像包括山脉、城市、农田、沙漠等场景，图像具有刚性变换，大小为 2 560 像素 ×2 560 像素。图 4.2 为数据集中的部分图像，其中（a）和（b）大小为 1 750 像素 ×1 750 像素，（c）和（d）大小为 1 750 像素 ×1 750 像素，（e）和（f）大小为 2 560 像素 ×2 560 像素。

（a）桥梁图像1　　　　　　　　（b）桥梁图像2

（c）山脉图像1　　　　　　　　（d）山脉图像2

图 4.2　三组待拼接图像

（e）城市图像 1　　　　　　　　　　　（f）城市图像 2

图 4.2　　（续）

4.3.1　跳跃纹理分类的时间和准确率分析

虽然 2.3.3 节已经对跳跃纹理分类的方法进行了分析，但该部分的分析是基于子块大小为 5 像素 ×5 像素，纹理分类的结果是四类纹理区域。然而，本章使用的子块大小为 6 像素 ×6 像素，纹理分类的结果是三类纹理区域。因此本章在图 4.2 的图像进行相位相关算法的基础上，对重叠区域的图像进行纹理分类，并分析其时间和错误率，其结果如图 4.3 所示。由图 4.3（a）可知，在时间方面，相比于不进行间隔纹理分类的方法，跳跃纹理分类的方法时间降低了 12.07% ～ 24.17%。由图 4.3（b）可知，跳跃纹理分类的分类错误率为 0.021 9 ～ 0.033 4。综上可知，间隔纹理分类的方法具有较低的错误率，同时有效地降低了纹理分类的时间开销，说明提出的跳跃纹理分类的方法是有效的。

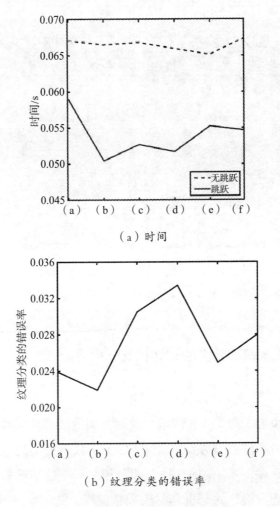

（a）时间

（b）纹理分类的错误率

图 4.3　跳跃纹理分类的时间和错误率

4.3.2　相位相关算法分析

为分析相位相关算法在本章使用的数据集上的有效性，本章以图 4.2 中的三组待拼接图像为例，分别采用 SIFT 算法和相位相关算法 +SIFT 算法进行特征点提取，其特征点分布如图 4.4 所示，重叠区域占比如图 4.5 所示。由图 4.4 可知，SIFT 算法提取的特征点数量巨大，且分布在整幅图像中纹理复杂的区域。相位相关算法 +SIFT 算法，经过相位相关算法的初步得到了图像的重叠区域（方框中的区域即为图像间的重叠区域），可见其特征点均分布于重叠区域的纹理复杂的区域，有效地避免了非重叠区域特征点的提取。由图4.5可知，重叠区域占比为50.85%～53.21%，通过相位相关算法的计算减少了图像一半的计算区域，SIFT算法计算的图像面积被有效地减少。

（a）SIFT算法1　　　　　　　　（b）相位相关算法+SIFT算法1

（c）SIFT算法2　　　　　　　　（d）相位相关算法+SIFT算法2

图4.4　特征点提取方法对比

（e）SIFT 算法 3 　　　　　　　（f）相位相关算法 +SIFT 算法 3

（g）SIFT 算法 4 　　　　　　　（h）相位相关算法 +SIFT 算法 4

图 4.4 　（续）

（i）SIFT 算法 5　　　　　　（j）相位相关算法 +SIFT 算法 5

（k）SIFT 算法 6　　　　　　（l）相位相关算法 +SIFT 算法 6

图 4.4　（续）

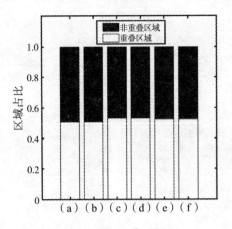

图 4.5　图像的重叠区域占比

　　为进一步对相位相关算法进行分析，本章在数据集 1 和数据集 2 上分别使用 SIFT 算法和相位相关算法 +SIFT 算法进行图像拼接，并计算二者的图像计算区域的比例、特征点数量和匹配率，其结果见表 4.1 所列。在图像计算区域的比例方面，相位相关算法 +SIFT 算法比 SIFT 算法减少了 38.69%的计算区域，并且其标准差较小，说明处理不同的图像，计算区域占比波动较小。在特征点数量方面，相位相关算法 +SIFT 算法比 SIFT 算法特征点数量减少了 44.67%，结合图像计算区域占比可知，相位相关算法 +SIFT 算法比 SIFT 算法减少了 38.69% 的图像，也降低了 44.67% 的特征点，减少的特征点数量的比例与减少面积的比例差距不大，说明相位相关算法并不会过多地影响重叠区域的特征点数量。相位相关算法 +SIFT 算法特征点数量的标准差较小，说明不同的图像特征点提取的数量波动较小，这也得益于该算法本身提取的特征点数量较少。在匹配率方面，相位相关算法 +SIFT 算法比 SIFT 算法的特征点的匹配率得到了显著的提高，然而其标准差也增大，但相对于标准差，其平均值的增长更大。综合来看，相位相关算法 +SIFT 算法有效地提升了特征点的匹配率，其提取的特征点的匹配性能显著优于单纯的 SIFT 算法。

表 4.1　相位相关算法分析

特征点提取方法	图像计算区域的比例		特征点数量		匹配率	
	平均值	标准差	平均值	标准差	平均值	标准差
SIFT 算法	1.000 0	0.000 0	15 596.04	13 725.72	0.414 9	0.186 8
相位相关算法 +SIFT 算法	0.613 1	0.141 3	8 630.14	6 813.67	0.648 4	0.285 0

4.3.3　基于 PCTC-SIFT 算法的纹理分类结果分析

为验证 PCTC-SIFT 算法的纹理分类方法的有效性，在相位相关算法的基础上，本章分别使用提出的纹理分类算法对图 4.2 的图像进行纹理分类，纹理分类的结果如图 4.6 所示，各个纹理区域占比和提取特征点占比如图 4.7 所示。在图 4.6 中，黑色部分为弱纹理区域，灰色部分为中等纹理区域，白色部分为强纹理区域。由图 4.6 可知，纹理分类的强纹理区域对应图像中纹理最复杂的区域，中等纹理区域对应图像中纹理变化较大的区域，而弱纹理区域则对应图像中纹理变化最弱的区域。由图 4.6 可以看出，PCTC-SIFT 算法的纹理分类方法具有较好的准确性。由图 4.7 可知，弱纹理区域在图像中占 44.45% ～ 65.25%，占用图像的最大比重；中等纹理区域在图像中占 14.71% ～ 37.79%，占用图像的较大比重；强纹理区域在图像中占 10.00% ～ 28.61%，占用图像的最小比重。

（a）桥梁图像 1　　　　（b）桥梁图像 2

图 4.6　纹理分类的结果

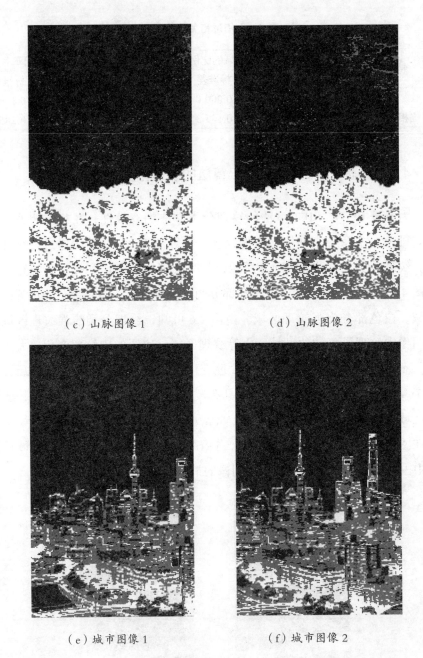

（c）山脉图像 1   （d）山脉图像 2

（e）城市图像 1   （f）城市图像 2

图 4.6   （续）

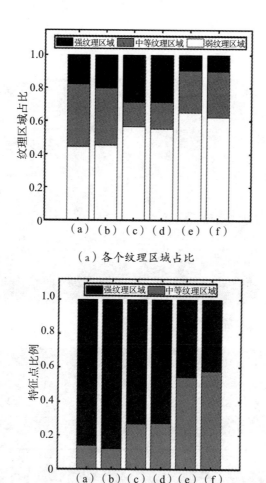

（a）各个纹理区域占比

（b）强纹理区域和中等纹理区域的特征点占比

图4.7　各个纹理区域占比和提取的特征点占比

　　重叠区域图像纹理分类后的图像提取的特征点分布如图4.8所示。结合图4.4可知，纹理分类后的图像提取的特征点只减少了弱纹理区域的特征点，并且其数量极少。此外，由于本部分所使用的图像尺寸较大，因此图像提取的特征点数量巨大，仅减少弱纹理区域的极少数特征点对图像拼接的影响极小，可以忽略不计。并且结合图4.7可知，弱纹理区域在图像中占44.45% ～ 65.25%，但其提取的特征点数量极少，因此 PCTC-SIFT 算法的纹理分类的方法以减少极少数的特征点为代价，有效地降低 SIFT

算法进行特征点提取过程中搜索空间极值点区域的大小，提升了算法的计算效率。

（a）桥梁图像 1　　　　　　　　　　（b）桥梁图像 2

（c）山脉图像 1　　　　　　　　　　（d）山脉图像 2

图 4.8　纹理分类后图像的特征点提取结果

（e）城市图像1　　　　　　　　　（f）城市图像2

图 4.8　（续）

　　为了进一步对提出的纹理分类方法进行分析，本章在数据集 1 和数据集 2 上分别使用相位相关算法 +SIFT 算法和 PCTC-SIFT 算法进行特征点提取，并使用传统的特征点匹配方法进行特征点匹配，计算二者的图像计算区域的比例、特征点数量和匹配率，其结果见表 4.2 所列。由表 4.2 可知，在图像计算区域的比例方面，PCTC-SIFT 算法降低了 17.05% 的计算区域，并且其标准差更小，说明 PCTC-SIFT 算法减少的弱纹理区域大小较为稳定，也证实了 PCTC-SIFT 算法具有较好的稳定性。在特征点数量方面，与相位相关算法 +SIFT 算法相比，PCTC-SIFT 算法仅减少了 1.15% 的特征点数量，并且二者的标准差接近，说明二者处理不同的图像时波动接近。结合图像计算区域的比例可知，PCTC-SIFT 算法以损失 1.15% 的特征点数量为代价降低了 17.05% 的计算区域。在匹配率方面，二者的匹配率和标准差接近，说明二者提取的特征点的有效性和稳定性接近。综上，PCTC-SIFT 算法以损失极少数量的特征点，有效地降低了图像计算区域的比例，同时提取的特征点具备较好的有效性和稳定性。

表 4.2　纹理分类方法分析

特征点提取方法	图像计算区域的比例		特征点数量		匹配率	
	平均值	标准差	平均值	标准差	平均值	标准差
相位相关算法+SIFT 算法	0.613 1	0.141 3	8 630.14	6 813.67	0.648 4	0.285 0
PCTC-SIFT 算法	0.442 6	0.141 0	8 530.55	6 828.55	0.644 2	0.288 0

4.3.4　特征点匹配方法分析

为验证 PCTC-SIFT 算法在特征点匹配阶段的提升，本章对图 4.2 的图像使用 PCTC-SIFT 算法提取特征点，然后分别使用传统的特征点匹配方法和提出的基于纹理分类的特征点匹配方法进行匹配，其特征点匹配结果如图 4.9 所示，其匹配的特征点数量、匹配率和特征点匹配阶段的时间成本见表 4.3 所列。由图 4.9 可知，传统的特征点匹配方法和提出的基于纹理分类的特征点匹配方法均完成了大量的特征点的匹配，并且特征点匹配的区域相同。由表 4.3 可知，传统的特征点匹配方法和提出的基于纹理分类的特征点匹配方法匹配的特征点数量均较大，但提出的基于纹理分类的特征点匹配方法匹配的特征点数量相对较小，从而导致其匹配率降低。这是由于基于纹理分类的特征点匹配方法对特征点匹配阶段的搜索空间进行了限制。在匹配时间方面，相比于传统的特征点匹配方法，基于纹理分类的特征点匹配方法的匹配时间分别降低了 31.30%、25.48% 和 30.67%。综上可知，提出的基于纹理分类的特征点匹配方法限制了特征点匹配阶段的搜索空间，导致匹配的特征点数量降低，但匹配的特征点数量仍较大，降低了特征点匹配阶段的时间成本。

（a）传统的特征点匹配方法1

（b）PCTC-SIFT算法1

（c）传统的特征点匹配方法2

图4.9　特征点匹配结果

（d）PCTC-SIFT 算法 2

（e）传统的特征点匹配方法 3

（f）PCTC-SIFT 算法 3

图 4.9 （续）

表 4.3　特征点匹配方法对比

图像	特征点匹配算法	匹配的特征点数量	匹配率	匹配时间/s
图 4.2（a）和（b）	传统的特征点匹配方法	1 246	0.593 6、0.519 5	1.768 3
	PCTC-SIFT 算法	1 170	0.557 4、0.487 9	1.214 8
图 4.2（c）和（d）	传统的特征点匹配方法	2 341	0.542 9、0.559 3	3.752 1
	PCTC-SIFT 算法	1 921	0.445 5、0.459 0	2.795 9
图 4.2（e）和（f）	传统的特征点匹配方法	1 573	0.615 6、0.515 7	1.953 0
	PCTC-SIFT 算法	1 379	0.539 7、0.452 1	1.354 0

4.3.5　算法时间效率分析

为验证 PCTC-SIFT 算法对图像拼接效率的改进，本部分分别使用 SIFT 算法和 PCTC-SIFT 算法对图像进行拼接，并计算各阶段的时间开销，其结果见表 4.4 所列。由表 4.4 可知，PCTC-SIFT 算法的相位相关算法的时间和纹理分类的时间均为 0.1 s 左右，二者共需要 0.2 s 左右的时间开销，其所需的时间开销极小。在特征点提取的时间方面，PCTC-SIFT 算法由于相位相关算法和纹理分类的影响，极大地减少了特征点提取搜索的空间大小，其特征点提取的时间仅为 SIFT 算法的 44.35%、52.12% 和 81.56%，特征点提取的时间显著降低。在描述子生成的时间方面，PCTC-SIFT 算法由于其提取的特征点数量降低，其所需的时间也显著降低，仅为 SIFT 算法的 34.22%、49.80% 和 82.83%。在特征点匹配的时间方面，PCTC-SIFT 算法由于其提取的特征点数量较少和基于纹理分类的特征点匹配方法，特征点匹配的时间明显降低，仅为 SIFT 算法的 23.16%、24.28% 和 33.78%。在总时间方面，PCTC-SIFT 算法仅为 SIFT 算法的 32.15%、35.42% 和 43.47%。综上可知，PCTC-SIFT 算法在预处理阶段使用相位相关算法和纹理分类的方法有效地降低了特征点提取所需计算区域的大小，使特征点提取的时间开销降低；同时减少了特征点的数量，使描述子生成的时间降低。

此外，得益于提出的基于纹理分类的特征点匹配方法，特征点匹配阶段的时间开销得到进一步降低；其总时间得到了较大程度降低，PCTC-SIFT 算法有效地降低了图像拼接的时间成本。

表4.4　图像拼接算法各阶段时间对比

算法	图像	相位相关算法的时间/s	纹理分类的时间/s	特征点提取的时间/s	描述子生成的时间/s	特征点匹配的时间/s	总时间/s
PCTC-SIFT 算法	图 4.2 (a)和(b)	0.100 7	0.106 1	0.913 9	0.223 3	1.214 8	2.558 8
	图 4.2 (c)和(d)	0.102 3	0.117 2	0.989 8	0.293 3	1.354 8	2.857 4
	图 4.2 (e)和(f)	0.106 4	0.111 2	1.496 5	0.724 1	4.398 8	6.837 0
SIFT 算法	图 4.2 (a)和(b)	0.000 0	0.000 0	2.060 6	0.652 5	5.245 1	7.958 2
	图 4.2 (c)和(d)	0.000 0	0.000 0	1.899 2	0.588 9	5.579 3	8.067 4
	图 4.2 (e)和(f)	0.000 0	0.000 0	1.834 9	0.874 2	13.020 0	15.729 1

4.3.6　算法拼接质量分析

为验证所提出算法的拼接质量，本章分别使用 PCTC-SIFT 算法和 SIFT 算法进行图像拼接，并使用特征点数量、初匹配特征点数量、精匹配特征点数量、匹配率，以及 2.3.1 节的客观评价质量 SSIM 和 PSNR 对图4.2 的图像进行分析，其结果见表4.5 所列。由表4.5 可知，在提取的特征点数量方面，PCTC-SIFT 算法由于使用了相位相关和纹理分类有效地降低了 SIFT 算法所需计算的区域，从而导致其提取的特征点数量降低，因此 PCTC-SIFT 算法提取的特征点数量显著低于 SIFT 算法提取的特征点数量。在初匹配特征点数量和精匹配特征点数量方面，由于 PCTC-SIFT 算法提取的特征点数量更少，并且基于纹理分类的特征点匹配方法会在一定程度上削减匹配的特征点数量，因此 PCTC-SIFT 算法匹配的特征点数量比 SIFT

算法更少。在匹配率方面，PCTC-SIFT 算法的匹配率显著高于 SIFT 算法，说明 PCTC-SIFT 算法提取的有效特征点更多。在 SSIM 和 PSNR 方面，PCTC-SIFT 算法和 SIFT 算法二者极为接近，差距极小，说明 PCTC-SIFT 算法具有良好的拼接质量。本章分别使用 SIFT 算法和 PCTC-SIFT 算法进行图像拼接，其图像拼接结果如图 4.10 所示。由图 4.10 可知，在视觉观感上，PCTC-SIFT 算法和 SIFT 算法的视觉观感均较好，无明显差异，这也说明 PCTC-SIFT 算法具有良好的拼接结果。

表 4.5　图像拼接算法的拼接质量对比

算法	图像	特征点数量	初匹配特征点数量	精匹配特征点数量	匹配率	SSIM	PSNR
PCTC-SIFT 算法	图 4.2（a）和（b）	2 099, 2 398	1 285	1 170	0.557 4、 0.487 9	0.994 8	34.598 9
	图 4.2（c）和（d）	4 312, 4 185	2 128	1 921	0.445 5、 0.459 0	0.993 8	31.010 7
	图 4.2（e）和（f）	2 555, 3 050	1 670	1 379	0.539 7、 0.452 1	0.994 7	36.130 1
SIFT 算法	图 4.2（a）和（b）	3 788, 6 019	1 457	1 212	0.319 9、 0.201 4	0.994 8	34.559 5
	图 4.2（c）和（d）	8 054, 8 593	2 691	2 330	0.289 3、 0.271 2	0.993 7	31.042 5
	图 4.2（e）和（f）	4 064, 6 717	2 144	1 725	0.424 5、 0.256 8	0.994 7	35.883 3

（a）SIFT 算法 1　　　　　　　　　（b）PCTC-SIFT 算法 1

图 4.10　图像拼接结果

（c）SIFT 算法 2　　　　　　　　　（d）PCTC-SIFT 算法 2

（e）SIFT 算法 3　　　　　　　　　（f）PCTC-SIFT 算法 3

图 4.10　（续）

4.3.7　算法综合性能分析

　　为了进一步验证 PCTC-SIFT 算法的综合性能，在数据集 1 和数据集 2 上分别使用 PCTC-SIFT 算法和 SIFT 算法进行图像拼接，并计算二者的图像拼接时间、匹配率、SSIM 和 PSNR，其结果见表 4.6 所列。由表 4.6 可知，在图像拼接时间的平均值方面，PCTC-SIFT 算法显著低于 SIFT 算法，其平均时间仅为 SIFT 的 44.29% 和 22.50%。这得益于以下两点：一是 PCTC-SIFT 算法在预处理阶段的相位相关算法和纹理分类方法，有效地降低了特征点提取所需计算的空间大小，并减少了大量的非重叠区域的特征点；二是 PCTC-SIFT 算法在特征点匹配阶段使用基于纹理分类的特征点匹配方法，有效地限制了特征点匹配的搜索空间大小，降低了特征点匹配阶段的时间开销。在图像拼接时间的标准差方面，PCTC-SIFT 算法具有更小的标准差，这说明 PCTC-SIFT 算法在处理不同的图像时，其所需的时间波动较小，算法的稳定性较高。在匹配率方面，PCTC-SIFT 算法的匹配率具有更大的平均值，但其标准差也更大。匹配率的平均值和标准差相比，平均值的增长更大，这说明 PCTC-SIFT 算法的虽然波动较大，但由于其平均值更大，因此 PCTC-SIFT 算法的整体表现更好。在 SSIM 和 PSNR 方面，PCTC-SIFT 算法具有更好的平均值和更低的标准差，但二者差距并不大，这说明 PCTC-SIFT 算法和 SIFT 算法均具备良好的拼接质量。综上所述，PCTC-SIFT 算法能够提取更为有效和稳定的特征点，图像拼接的结果具备良好的拼接质量，同时能有效降低图像拼接的时间。因此，PCTC-SIFT 算法在对图像拼接效率有较高要求的领域有一定的应用价值。

表 4.6　算法综合性能对比

数据集	算法	图像拼接时间/s		匹配率		SSIM		PSNR	
		平均值	标准差	平均值	标准差	平均值	标准差	平均值	标准差
数据集1	SIFT 算法	23.392 1	26.386 3	0.351 6	0.189 0	0.857 7	0.271 9	29.250 7	15.510 8
	PCTC-SIFT 算法	10.360 3	12.742 3	0.472 0	0.262 0	0.864 6	0.238 3	30.309 3	48.422 6
数据集2	SIFT 算法	240.969 6	270.297 1	0.506 7	0.141 1	0.996 0	0.007 3	46.704 4	17.714 4
	PCTC-SIFT 算法	54.223 7	39.153 9	0.693 1	0.248 4	0.998 8	0.001 8	48.422 6	17.865 6

4.4　结论

针对 SIFT 图像拼接算法计算复杂度巨大的问题，本章提出了基于相位相关和纹理分类的 SIFT 图像拼接算法。首先，在预处理阶段，PCTC-SIFT 算法使用相位相关算法和纹理分类有效地减少了非重叠区域和弱纹理区域的计算。其次，PCTC-SIFT 算法对提取的特征点进行描述子生成，并在特征点匹配阶段使用基于纹理分类的特征点匹配方法，以限制了特征点匹配的搜索空间大小。最后，PCTC-SIFT 算法根据特征点匹配结果完成图像的拼接。实验结果表明，PCTC-SIFT 算法有效地减少了特征点提取所需计算区域的大小，降低了提取的特征点数量，提取的特征点的有效性和稳定性更高；提出的基于纹理分类的特征点匹配方法有效地降低了特征点匹配阶段的时间成本；在数据集 1 和数据集 2 上算法的总时间仅为 SIFT 算法的 44.29% 和 22.50%，有效地提升了图像拼接的效率，同时 PCTC-SIFT 算法具备良好的拼接质量。因此，PCTC-SIFT 算法在对图像拼接效率有较高要求的领域有一定应用价值。然而，PCTC-SIFT 算法所使用的相位相关算法并不具备尺度不变性，当两幅图像间存在较大比例的尺度缩放时，相位相关计算的结果可能不准确。因此在今后的工作中，笔者将考虑在不使用相位相关算法的情况下，设计新的算法提升图像拼接的效率。

第 5 章　基于掩模搜索的快速 SIFT 图像拼接算法

5.1　概述

如前所述，对于 SIFT 算法计算复杂度巨大的问题，人们如果从单个阶段对算法进行改进，算法速度的提升往往较小。为进一步提升算法的速度，一些研究人员从多个方面对算法进行改进。Chen 等人使用坎尼（Canny）边缘检测算子限制特征点检测范围，同时设计了一种 18 维的圆形描述符[67]。刘媛媛等人对图像重叠区域进行检测，并使用基于梯度归一化的特征描述子进行匹配 [68]。Chen 等人和刘媛媛等人从预处理和描述子两个方面使算法的时间开销更小 [67-68]。Zhao 等人通过改变特征点提取的对比度阈值，优化了特征点提取的数量，并基于位置信息和 RANSAC 消除错误匹配，从特征点提取和匹配两个阶段提升了算法的速度 [82]。卢鹏等人扩大了极值点检测范围，减少了特征点的数量，并简化了描述子维度，同时使用最优节点优先算法优化特征点的匹配，从特征点提取、描述子生成和特征点匹配三个阶段优化了算法的效率 [69]。韩宇等人构建了一种新的描述子，并使用绝对距离和余弦相似度进行特征点匹配，从描述子生成和特征点匹配两个阶段提升了算法的效率 [70]。

当前的研究对 SIFT 算法的改善通常只体现在算法的一到两个阶段，并未从多个方面进行提升，故算法的速度并未得到较高的提升。因此，本章提出了基于掩模搜索的快速 SIFT 图像拼接算法，主要工作如下：在预处理阶段，本章结合 Harris 算法的 CRF 进行纹理分类，以减少不能提取特征点的纹理较弱的区域的计算。在描述子生成阶段，本章设计了一种维度仅为 56 维的圆形特征描述子，降低了特征点匹配阶段的时间开销。在特征点匹配阶段，本章提出了基于极值分类的特征点匹配方法，并使用这个方法在特征点提取阶段对提取的特征点进行简单的标记，即可有效地降低特征点匹配所需的搜索空间的大小，降低了特征点匹配阶段的时间开销。

5.2 FSMS 算法

5.2.1 FSMS 算法流程

由第 3 章和第 4 章可知，SIFT 算法需要对整张图像进行详细的计算，然而并不是所有区域都能提取有效的特征点。在图像中，只有重叠区域中纹理较为复杂的区域能够提取有效的特征点。第 3 章和第 4 章均使用相位相关算法确定图像中的重叠区域，但相位相关算法并不具备尺度不变性，因此当两幅图像中存在尺度问题时，相位相关算法无法准确地计算图像间的重叠区域。因此在本章的算法中，将不对图像的重叠区域进行计算，本章将关注整幅图像中复杂纹理区域的计算。为有效地提升 SIFT 算法的速度，本章提出了基于掩模搜索的快速 SIFT 图像拼接算法，即 FSMS 算法。FSMS 算法的流程图如图 5.1 所示。由图 5.1 可知，首先，FSMS 算法使用 Harris 算法的 CRF 进行图像纹理的分类，将图像分为复杂纹理区域和弱纹理区域，由于弱纹理区域不能进行有效的特征点提取，故 FSMS 算法不对弱纹理区域进行特征点提取。其次，FSMS 算法只对复杂纹理区域进行特征点提取，在特征点提取的过程中根据特征点的极值类型进行分类，并使用设计的描述子进行描述子生成。再次，FSMS算法根据特征点的极值类型对特征点匹配的搜索空间进行限制，以进行特征点的初匹配，并使用RANSAC算法进行精匹配。最后，FSMS算法根据特征点的匹配结果计算图像间的变换关系，并进行图像融合，以完成图像的拼接。

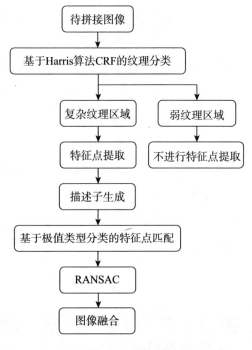

图 5.1　FSMS 算法的流程

5.2.2　基于 Harris 算法 CRF 的纹理分类

第 2 章到第 4 章均已证实在图像中只有纹理较为复杂的区域才能进行有效的特征点提取。前三章提出的三种特征点提取方法中，第 3 章的基于 Harris 算法的 CRF 的纹理分类方法能够有效地降低算法所需计算的区域，并且具有良好的分类效果。因此本章用该算法进行图像的纹理分类，其阈值的设置也与第 3 章相同。

5.2.3　特征点提取和描述子生成

在特征点提取的过程中，FSMS 算法将使用原始图像生成相应的高斯差分金字塔，也将基于纹理分类后的复杂纹理区域图像生成掩模金字塔。以图 5.2 为例，其对应的掩模金字塔如图 5.3 所示。在图 5.3 中，掩模金字塔中的第 1 组图像为图 5.2 纹理分类后的结果，其中的白色区域代表复杂纹理区域，黑色区域代表弱纹理区域，后一组图像通过前一组图像降采样得到，后一组图像的长和宽均为前一组图像的 1/2。

在特征点提取的过程中，FSMS 算法需先判断高斯差分金字塔当前的点是否属于掩模金字塔的复杂纹理区域，若属于，则进行后续的空间极值点的检测和特征点的判断；若不属于，则跳过该点，直接进行下一个点的检测。并且在空间极值点检测的过程中，FSMS 算法需根据当前的点是极大值点还是极小值点对特征点进行分类，以便降低后续特征点匹配阶段的时间开销。由于高斯差分金字塔每一组的大小相同，不同的层之间只进行了不同程度的高斯模糊，因此同一组的高斯差分金字塔使用掩模金字塔中的同一层图像。

图 5.2　山脉图像

组

1　　　　　2　　　3　　4···

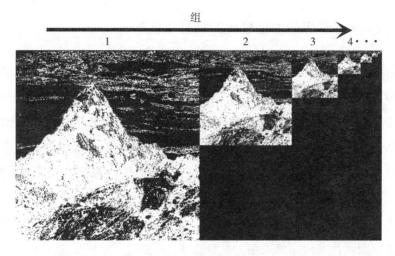

图 5.3　掩模金字塔

特征点提取完成后，FSMS 算法需计算相应的描述子。SIFT 算法需要计算 4×4 区域的 8 个方向的梯度累积和，从而形成 128 维度的描述子，其较大的维度导致了特征点匹配的时间开销较大。SIFT 算法描述子的计算范围为正方形区域，在 SIFT 算法将计算区域旋转到特征点主方向时，将会出现描述子计算范围不一致的问题[71]。针对上述问题，本章提出了一种圆形结构的描述子，其结构如图 5.4 所示，描述子的构建方法如下：首先，将特征点作为极点、以 R_1 和 R_2 作为极径构建同心圆，R_2 为特征点对应尺度的 6 倍，R_1 和 R_2 的比值为 0.4；然后，将外围圆环进行 6 等分，从而生成 8 个区域；最后，计算每个区域 8 个方向的梯度累计和，作为特征点的描述子。

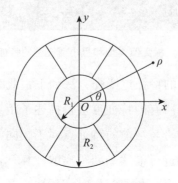

图 5.4　描述子结构

5.2.4　基于极值类型分类的特征点匹配

由 4.2.6 可知，如果第一幅图像的特征点数量为 M，第二幅图像的特征点数量为 N，那么特征点匹配的过程中，描述子距离的计算次数为 $M \times N$，其所需的计算次数较大，这导致匹配阶段的时间开销较大。本章提出了基于极值类型分类的特征点匹配方法，在极值点检测的过程中存在极大值点和极小值点，且极大值点和极小值点匹配的可能性极低。以图 5.2 为例，基于极值类型分类的特征点匹配方法提取的部分极大值类型的特征点和极小值类型的特征点分布如图 5.5 所示（白色正方形代表极大值类型的特征点，黑色圆圈代表极小值类型的特征点）。

图 5.5　极大值类型和极小值类型的特征分布

基于极值类型分类的特征点匹配方法如下：此时第一幅图像的特征点并不会对第二幅图像中所有的特征点进行描述子距离的计算，而是先判断第二幅图像的特征点是否与当前的特征点属于相同的极值类型。若同属于极大值或是极小值，则进行描述子间距离的计算；否则，两点的极值类型不同，匹配的可能性较低，故排除该点的计算。

如果第一幅图像的极大值和极小值的特征点数量分别为 M_{max} 和 M_{min}，第二幅图像的极大值和极小值的特征点数量分别为 N_{max} 和 N_{min}，那么在特征点匹配的过程中，描述子距离的计算次数为 $M_{max} \times N_{max} + M_{min} \times N_{min}$。由此可知，提出的基于极值类型分类的特征点匹配方法和传统的匹配方法计算次数之间的关系为

$$M \times N = (M_{max} + M_{min}) \times (N_{max} + N_{min}) > M_{max} \times N_{max} + M_{min} \times N_{min}$$

（5.1）

由式（5.1）可知，基于极值类型分类的特征点匹配方法的计算次数显著小于传统的匹配方法，从而降低匹配阶段的时间开销。FSMS 算法使用基于极值类型分类的特征点匹配方法完成特征点的描述子之间的距离计算后，使用 NNRD 和 RANSAC 确定特征点的匹配情况。FSMS 算法根据特征点匹配的结果计算图像间的投影变换矩阵，并根据投影变换矩阵和 2.2.2 节的图像融合方法进行图像的融合，以完成图像的拼接。

5.3　实验结果与分析

本次实验的运行环境是 CPU 为 intel® CORE™ i7-12700F CPU @ 2.10 GHz、内存为 16 GB RAM 的 64 位 Windows 11 操作系统。为验证提出算法的有效性，本章使用两个数据集来评估 FSMS 算法。数据集 1：包含 30 对手机和数码相机的图像，图像包括建筑、山脉、城市、河流、农田等的场景，图像具有刚性变换或仿射变换，大小为 1 700 像素 ×1 400 像素至 2 040 像素 ×2 189 像素。数据集 2：包含 20 对无人机图像，图像包括山脉、城市、海岸等场景，图像具有刚性变换和仿射变换，大小为 1 620 像素 ×2 048 像素至 2 160 像素 ×2 160 像素。图 5.6 为数据集中的部分图像，其中（a）和（b）的大小为 1 488 像素 ×1 984 像素，（c）和（d）的大小为 1 642 像素 ×2 189 像素，（e）和（f）大小为 2 160 像素 ×2 160 像素。

（a）建筑图像 1　　　　　　　　（b）建筑图像 2

（c）风车图像 1　　　　　　　　（d）风车图像 2

（e）海岸图像 1　　　　　　　　（f）海岸图像 2

图 5.6　三组待拼接图像

5.3.1　纹理分类结果分析

为验证 FSMS 算法纹理分类的效果，对图 5.6 的图像进行纹理分类，纹理分类的结果（白色对应复杂纹理区域，黑色对应弱纹理区域）如图 5.7 所示，纹理区域占比如图 5.8 所示。由图 5.7 可知，FSMS 算法对图像的纹理进行了有效的分割，结合图 5.6 可知，分割后复杂纹理区域对应原始图像中纹理波动较大的区域，而弱纹理区域则对应纹理变化较小的区域。由此可见，FSMS 算法有效地将图像分割成了复杂纹理区域和弱纹理区域。由图 5.8 可知，弱纹理区域在图像中占 68.21% ～ 80.35%，复杂纹理区域在图像中占 19.65% ～ 31.79%，这说明复杂纹理区域在图像中只占有极小的区域，通过纹理区域分类可有效降低 SIFT 算法极值点检测的时间。

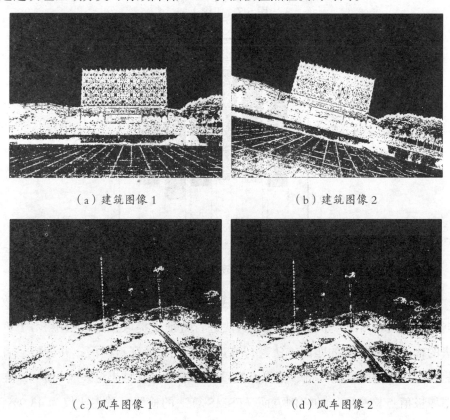

（a）建筑图像 1　　　　　（b）建筑图像 2

（c）风车图像 1　　　　　（d）风车图像 2

图 5.7　纹理分类的结果

（e）海岸图像 1　　　　　　　　　　　（f）海岸图像 2

图 5.7　（续）

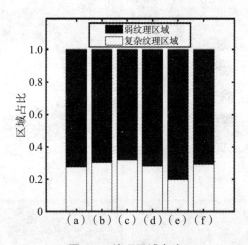

图 5.8　纹理区域占比

　　为了进一步验证提出的纹理分类算法的有效性，本章在数据集 1 和数据集 2 上使用 SIFT 算法和 FSMS 算法进行特征点提取，然后使用 SIFT 算法的描述子和传统的匹配方法进行描述子生成和特征点匹配，并分析二者的极值点检测区域的比例、特征点数量和匹配率，其结果见表 5.1 所列。在图像极值点检测区域的比例方面，FSMS 算法的检测区域占比仅为 43.9%，与 SIFT 算法对整幅图进行完整的计算相比，其减少了 56.1% 的计算面积，有效地降低了 SIFT 极值点检测区域的面积大小；并且 FSMS 算法具有较小的标准差，这说明处理不同图像时极值点检测区域占比的波动较小。在特征点数量方面，与 SIFT 算法相比，FSMS 算法的特征点数量的平均值仅减少了 9.84%，并且 FSMS 算法具有较小的标准差，这说明提取的特征点数量较为稳定；结合极值点检测区域的比例可知，FSMS 算法减少了 56.1% 的计算区域，但特征点数量只减少 9.84%，这说明 FSMS 算法有效地减少了对图像弱纹理区域的极值点的检测，提出的纹理分类算法效果较好。在匹配率方面，SIFT 算法具有较好的表现，但与 FSMS 算法差距较小，说明二者提取特征点的有效性接近。综上，提出的纹理分类算法具有较好的性能，准确地完成了图像纹理的分类，FSMS 算法有效地减少了极值点检测区域的比例，并且只减少了极少数的特征点数量。

表5.1　纹理分类方法分析

特征点提取方法	极值点检测区域的比例		特征点数量		匹配率	
	平均值	标准差	平均值	标准差	平均值	标准差
SIFT 算法	100%	0.000 0	11 146.26	7 451.52	0.332 3	0.187 1
FSMS 算法	43.9%	0.218 2	10 049.21	6 998.66	0.325 7	0.193 8

5.3.2　描述子分析

为测试提出的描述子的性能，笔者首先对图 5.6 的图像使用 FSMS 算法进行特征点的提取，其次分别使用 SIFT 算法的描述子和 FSMS 算法的描述子进行描述子的生成，最后使用传统的匹配算法进行特征点匹配，特征点匹配的结果如图 5.9 所示。由图 5.9 可知，FSMS 算法的描述子和 SIFT 算法的描述子均有大量的特征点进行了匹配，这说明在匹配性能上二者接近，但 FSMS 算法的维度更小，可有效地降低特征点匹配阶段的时间开销。

（a）SIFT 算法的描述子 1

（b）FSMS 算法的描述子 1

（c）SIFT 算法的描述子 2

图 5.9　特征点匹配的结果

（d）FSMS 算法的描述子 2

（e）SIFT 算法的描述子 3

（f）FSMS 算法的描述子 3

图 5.9　（续）

为了进一步验证提出的描述子的性能，笔者使用上述的方法对数据集
1 和数据集 2 的图像进行图像拼接，并分析匹配率、SSIM、PSNR、描述子
生成时间和特征点匹配时间，其结果见表 5.2 所列。由表 5.2 可知，在匹配
率方面，SIFT 算法的描述子具有相对更好的效果，但与 FSMS 算法的描述
子差距不大，这说明 SIFT 算法的描述子和提出的描述子具有相近的匹配效
果。在 SSIM 和 PSNR 方面，SIFT 算法的描述子具有相对较好的拼接质量，
但与 FSMS 算法的描述子的差距不大，这说明二者均具有相近的图像信息
描述能力。在描述子生成时间方面，由于 FSMS 算法的描述子构造相对更
为复杂，因此其描述子生成的时间相对较长，其平均时间增加了 0.516 2 s。
在特征点匹配时间方面，FSMS 算法由于描述子维度更小，因此其特征点
匹配阶段的时间成本更低，其平均时间减少了 4.687 3 s。综合描述子生成
时间来看，与 SIFT 算法的描述子相比，FSMS 算法的描述子增加了较少的
描述子生成时间，却有效地降低了特征点匹配的时间。综上，与 SIFT 算法
的描述子相比，FSMS 算法的描述子具有相近的匹配性能，并且具有更低
的维度，有效地降低了特征点匹配阶段的时间成本。

表 5.2　描述子对比

计算参数		SIFT算法	FSMS算法
匹配率	平均值	0.325 7	0.318 3
	标准差	0.193 8	0.194 5
SSIM	平均值	0.914 2	0.908 9
	标准差	0.176 6	0.183 1
PSNR	平均值	37.479 1	37.266 2
	标准差	16.133 0	16.211 2
描述子生成时间 /s	平均值	1.037 9	1.554 1
	标准差	0.707 2	1.169 8
特征点匹配时间 /s	平均值	30.442 9	25.755 6
	标准差	39.076 6	31.914 0

5.3.3 特征点匹配方法分析

为了测试提出的基于极值分类的特征点匹配方法的有效性，笔者对图5.6的图像使用FSMS算法进行特征点提取和描述子生成，并使用基于极值分类的特征点匹配方法进行特征点的匹配，其结果如图5.10所示。结合图5.9和5.10可知，提出的基于极值分类的特征点匹配方法和传统的特征点匹配算法均有大量的特征点进行了匹配，这说明二者的匹配性能接近，但FSMS算法限制了特征点匹配的搜索空间大小，可进一步降低特征点匹配阶段的时间成本。

（a）建筑图像

（b）风车图像

图5.10 基于极值分类的特征点匹配的结果

（c）海岸图像

图 5.10 （续）

　　为进一步验证提出的基于极值分类的特征点匹配方法的性能，本章使用上述的方法对数据集 1 和数据集 2 的图像进行图像拼接，并分析匹配率、误匹配率、SSIM、PSNR、特征点提取时间和特征点匹配时间，其结果见表 5.3 所列。由表 5.3 可知，在匹配率方面，FSMS 算法具有更好的性能，说明提出的基于极值分类的算法能够对特征点进行正确的匹配，FSMS 算法具有较好的匹配性能，也证实了极小值类型和极大值类型的特征点不能进行有效的匹配。在误匹配率方面，传统的特征点匹配方法具有更好的效果，但与 FSMS 算法差距较小，这说明二者去除错误匹配的能力接近。在 SSIM 和 PSNR 方面，传统的特征点匹配方法与 FSMS 算法差距较小，说明二者的图像拼接质量接近。在特征点提取时间方面，由于 FSMS 算法在特征点提取阶段需对提取的特征点进行标记，因此其特征点提取的时间更多，但与传统的特征点匹配方法相比仅增加了 0.238 6 s，其增加的时间极少。在特征点匹配时间方面，FSMS 算法限制了特征点匹配搜索空间的大小，因此特征点匹配的时间显著降低，与 SIFT 算法相比时间降低了 44.83%，并且其标准差更低，这说明 FSMS 算法有效地降低了特征点匹配的时间开销，且算法具有较好的稳定性；结合特征点提取时间，FSMS 算法在特征点提取阶段以极小的时间为代价，有效地降低了特征点匹配阶段的时间开销。综上，提出的基于极值分类的特征点匹配方法具有较好的匹配性能，且有效地降低了特征点匹配阶段的时间成本。

表 5.3　匹配方法对比

计算参数		传统的特征点匹配方法	FSMS算法
匹配率	平均值	0.318 3	0.319 9
	标准差	0.194 5	0.192 5
误匹配率	平均值	0.361 2	0.370 5
	标准差	0.278 1	0.279 0
SSIM	平均值	0.908 9	0.903 1
	标准差	0.183 1	0.213 2
PSNR	平均值	37.266 2	37.621 3
	标准差	16.211 2	17.690 6
特征点提取时间 /s	平均值	2.651 1	2.889 7
	标准差	1.106 9	1.044 3
特征点匹配时间 /s	平均值	25.755 6	14.210 3
	标准差	31.914 0	16.697 0

5.3.4　图像拼接时间分析

为了验证 FSMS 算法在时间方面的改进，笔者对图 5.6 的图像分别使用 SIFT 算法和 FSMS 算法进行图像拼接，并计算各个阶段的时间开销，其结果见表 5.4 所列。由表 5.4 可知，在纹理分类的时间方面，FSMS 算法需要 0.125 2 ～ 0.239 1 s 的时间完成纹理的分类，其仅需极少的时间即可完成纹理的分类。在特征点提取的时间方面，FSMS 算法由于使用掩模的方法，有效地降低了特征点提取的区域，也降低了特征点提取的时间。在描述子生成的时间方面，FSMS 算法的描述子构造更为复杂，因此其描述子生成时间相对更多。在特征点匹配的时间方面，由于 FSMS 算法的描述子的维度更小，且基于极值分类的特征点匹配方法有效地降低了特征点匹配的搜索空间，因此 FSMS 算法有效地降低了特征点匹配阶段的时间开销，其时间仅为 SIFT 算法的 56.19%、49.08% 和 35.84%。在总时间方面，FSMS 算法的时间开销仅为 SIFT 算法的 79.87%、77.55% 和 49.65%，FSMS 算法有效地降低了图像拼接的时间。

表 5.4 图像拼接算法各阶段时间对比

算法	图像	纹理分类的时间/s	特征点提取的时间/s	描述子生成的时间/s	特征点匹配的时间/s	总时间/s
提出的算法	图 5.6（a）和（b）	0.125 2	1.462 2	0.265 2	0.911 4	2.764 0
	图 5.6（c）和（d）	0.162 5	1.676 3	0.247 0	0.958 2	3.044 0
	图 5.6（e）和（f）	0.239 1	2.496 8	0.862 4	4.894 1	8.492 4
SIFT算法	图 5.6（a）和（b）	0.000 0	1.592 8	0.246 1	1.621 9	3.460 8
	图 5.6（c）和（d）	0.000 0	1.734 4	0.238 5	1.952 3	3.925 2
	图 5.6（e）和（f）	0.000 0	2.652 4	0.797 3	13.656 4	17.106 1

5.3.5　图像拼接质量分析

为了测试 FSMS 算法的拼接质量，笔者对图 5.6 的图像分别使用 SIFT 算法和 FSMS 算法进行图像拼接，并计算特征点数量、初匹配特征点数量、精匹配特征点数量、匹配率、SSIM 和 PSNR，其结果见表 5.5 所列。由表 5.5 可知，在特征点数量方面，FSMS 算法减少了弱纹理区域的极值点检测，因此特征点数量略少于 SIFT 算法。在初匹配特征点数量、精匹配特征点的数量方面，由于 FSMS 算法提取的特征点数量少于 SIFT 算法，因此 FSMS 算法匹配的特征点数量少于 SIFT 算法。在匹配率方面，综合来看，SIFT 算法具有更好的性能，但与 FSMS 算法的差距并不大，FSMS 算法和 SIFT

算法均具有较好的匹配率。在 SSIM 和 PSNR 方面，FSMS 算法具有较好的表现，但二者差距并不大，这说明 FSMS 算法和 SIFT 算法均具备良好的拼接质量。笔者分别使用 SIFT 算法和 FSMS 算法对图 5.6 的图像进行拼接，拼接的结果如图 5.11 所示。由图 5.11 可知，FSMS 算法和 SIFT 算法拼接的图像在视觉上无影响视觉观感的痕迹，二者均具有良好的视觉观感，因此 FSMS 算法具有良好的拼接质量。

表 5.5　图像拼接算法的拼接质量对比

算法	图像	特征点数量	初匹配特征点数量	精匹配特征点数量	匹配率	SSIM	PSNR
FSMS 算法	图 5.6（a）和（b）	2 116、1 950	1 093	861	0.406 9、0.441 5	0.978 1	30.117 5
	图 5.6（c）和（d）	2 516、1 844	851	716	0.254 6、0.388 3	0.962 0	29.918 3
	图 5.6（e）和（f）	6 266、8 415	3 515	3 287	0.524 6、0.390 6	0.999 3	46.794 1
SIFT 算法	图 5.6（a）和（b）	2 469、2 194	1 353	1 088	0.440 6、0.506 3	0.976 0	30.512 2
	图 5.6（c）和（d）	2 785、2 112	963	855	0.307 0、0.404 8	0.961 6	29.871 4
	图 5.6（e）和（f）	7 651、9 726	3 965	3 792	0.495 6、0.389 8	0.999 0	41.435 2

（a）SIFT 算法 1　　　　　　　（b）FSMS 算法 1

图 5.11　图像拼接结果

（c）SIFT 算法 2　　　　　　　　　（d）FSMS 算法 2

（e）SIFT 算法 3　　　　　　　　　（f）FSMS 算法 3

图 5.11　（续）

5.3.6　算法综合性能分析

　　为对 FSMS 算法进行综合评估，本章在数据集 1 和数据集 2 上分别使用 FSMS 算法和 SIFT 算法进行图像拼接，并计算二者的图像拼接时间、匹配率、SSIM 和 PSNR，其结果见表 5.6 所列。在图像拼接时间的平均值方面，在两个数据集上，FSMS 算法均显著优于 SIFT 算法，其时间成本仅为 SIFT 算法的 58.34% 和 41.32%，图像拼接的时间成本得到了较大的降低；在图像拼接时间的标准差方面，SIFT 算法具有较大的标准差，说明处理不同的图像时，SIFT 算法的时间波动较大，而 FSMS 算法的标准差明显更小，说明 FSMS 算法处理不同的图像波动较小，处理时间较为稳定。在匹配率方面，FSMS 算法的匹配率相对较低，但与 SIFT 算法差距较小，说明二者的匹配性能接近。在 SSIM 和 PSNR 方面，FSMS 算法和 SIFT 算法表现接近，二者差距较小，说明二者均具有良好的拼接质量。综上，FSMS 算法具有良好的拼接质量，同时有效地降低了特征点匹配阶段的时间成本。因此，FSMS 算法在对图像拼接效率有较高要求的领域具有一定的应用价值。

表 5.6　算法综合性能对比

数据集	算法	图像拼接时间/s		匹配率		SSIM		PSNR	
		平均值	标准差	平均值	标准差	平均值	标准差	平均值	标准差
数据集 1	SIFT 算法	28.003 6	30.795 8	0.353 8	0.164 2	0.939 0	0.201 0	39.128 1	14.860 6
	提出的算法	16.338 0	17.958 5	0.344 1	0.161 4	0.942 3	0.194 8	39.616 7	15.625 6
数据集 2	SIFT 算法	52.956 9	53.312 8	0.297 4	0.218 7	0.852 7	0.227 6	34.266 8	19.514 1
	提出的算法	21.882 4	19.853 7	0.287 3	0.224 5	0.844 3	0.230 6	34.628 2	20.462 5

5.4　结论

针对 SIFT 算法计算复杂度巨大的问题，本章提出了基于掩模搜索的快速 SIFT 图像拼接算法。首先，FSMS 算法在预处理阶段通过基于 Harris 算法 CRF 的纹理分类方法将图像分为弱纹理区域和复杂纹理区域；其次，在特征点提取阶段生成了掩模金字塔，并在空间极值点检测的过程中仅需掩模搜索，加快了特征点提取阶段的速度；再次，在描述子生成阶段构造了一种维度仅为 56 维的圆形描述子，以降低匹配阶段的时间成本；最后，在特征点匹配阶段提出了基于极值分类的特征点匹配方法，限制了特征点匹配搜索的空间，进一步降低了特征点匹配阶段的时间成本。实验结果表明，基于 Harris 算法的 CRF 的纹理分类方法具有较好的纹理分类效果；提出的描述子构造更为复杂，虽然增加了描述子生成阶段的时间，但较大地降低了特征点匹配阶段的时间；基于极值分类的特征点匹配方法大大地降低了特征点匹配阶段的时间成本；FSMS 算法具有良好的图像拼接质量，并且其图像拼接时间仅为 SIFT 的 58.34% 和 41.32%，有效地提升了图像拼接的效率。因此，FSMS 算法在对图像拼接效率有较高要求的领域具有一定的应用价值。然而，当前的图像采集设备所采集的图像往往分辨率极高，使用 FSMS 算法进行图像拼接的时间成本依然很大，因此在进一步的工作中，笔者对高分辨率的图像拼接进行了研究。

第 6 章　基于 SIFT 的高分辨率
图像快速拼接算法

6.1　概述

图像拼接技术主要包括两个方面：图像对齐和图像融合。图像拼接技术的发展通常取决于这两个方面的创新。图像对齐通过检测和匹配两个图像或多个图像上的特征点来获得图像间的运动关系，直接关系到图像拼接过程的速度和成功率 [72]。

近年来，许多不同的特征检测描述算法出现，如 Harris 算法、定向 FAST 和旋转 BRIEF（oriented fast and rotated BRIEF, ORB）算法 [73]、二进制鲁棒不变可缩放关键点（binary robust invariant scalable keypoints, BRISK）算法 [74]、SIFT 算法和 SURF 算法。Harris 算法和 ORB 算法具有良好的速度，但没有尺度不变性，它们可以通过高斯金字塔获得尺度不变性 [75-76]。尽管 BRISK 算法具有良好的旋转和尺度不变性，但总体时间比 ORB 算法长。SIFT 算法在平移、旋转、照明、缩放和仿射变换等方面都有很好的效果，但计算复杂度较大。虽然基于 SURF 的拼接算法比基于 SIFT 的拼接算法更快，但它在某些变化（特别是颜色、照明、某些仿射变换）下表现不佳。一些研究将 SURF 算法与其他算法相结合，以提高其性能 [77-78]。

在众多的图像拼接算法中，SIFT 算法以其优异的性能和良好的鲁棒性赢得了众多研究者的青睐。在图像拼接质量的提高方面，Laraqi 等人和 Yan 等人通过图像预处理提高了图像拼接质量 [79-80]。Gong 等人和岳广等采用两步匹配策略，实现了从粗到细的匹配 [22,81]。Chang et al. 和 Zhao 等人通过应用一种新的匹配方法提高了图像拼接的质量 [7,82]。Ma 等人通过结合梯度定义方法和关键点信息，增强了特征点的匹配 [6]。Gong 等人提出了一种稳健邻域结构的不变描述符，并设计了一种动态匹配策略 [83]。

　　当前，图像的分辨率随着图像采集设备性能的提高而逐渐提高。高分辨率图像具有更多的信息，因此如何使用高分辨率图像中的信息非常重要。使用高分辨率图像拼接可以保留图像的更多细节，但也意味着更大的计算复杂性。在图像拼接效率方面，现有的大多数算法都集中在低分辨率图像拼接和某个阶段的图像拼接的改进上。Zhang 等人和 Zhao 等人改变了特征点提取的对比度阈值。Zhang 等人，Zhao 等人，Kupfer 等人和 Ma 等人改进了图像拼接的匹配方法和算法的效率 [75,85-86,64]。Zeng 等人通过形态学梯度和 C_SIFT 实现了可见光和红外图像的实时自适应配准 [87]。Chen 等人使用 Canny 边缘检测算子限制特征点检测范围，同时设计了一种 18 维的圆形描述符，大大降低了 SIFT 算法匹配阶段的时间成本 [67]。Shi 等人通过以下改进实现了更快的速度和更好的拼接质量；通过改进的 FCM 算法计算图像重叠区域特征块，以减小 SIFT 算法的计算范围；通过 SIFT 算法提取图像特征描述符，并通过优化重叠区域来避免重影和形状失真 [61]。王昱皓等人基于相位相关算法和纹理分类进行图像重叠区域和纹理分类的计算，以限制 SIFT 算法计算的空间，并基于纹理分类的结果限制特征点匹配搜索的空间，从预处理和特征点匹配两个阶段加速了图像拼接的速度 [88]。徐佳佳等人提高了 Harris 提取角点的性能和精度，然后使用 SIFT 算子来加快配准过程 [76]。周宏浩通过卷积神经网络降低了 SIFT 描述符的维数，以降低特征描述符的维数 [89]。Du 等人根据空间变换图像建模和引入了鲁棒贝叶斯框架，因此获得了良好的准确性和效率 [90]。Li 等人利用全局信息和描述子建立了关键点映射，从高级金字塔开始匹配，实现了从粗到细的匹配，限制了特征点在低级金字塔的匹配空间 [91]。这些研究有效地减少了 SIFT 算法的匹配时间。

　　然而，尽管图像拼接已经取得了良好的进展，但高分辨率图像领域的研究很少，如何解决高分辨率图像计算复杂度大的问题越来越突出。为此，本章构建了三个高分辨率图像数据集，并用目前几种现有的图像拼接算法进行了测试。实验结果表明，现有的图像拼接算法时间成本过大，无法满足实时性要求。尽管现有算法在低分辨率图像的快速拼接领域取得了良好的性能，但在使用高分辨率图像拼接时，其性能较差。为了解决这一问题，本章从以下三个方面提出了一种新的基于 SIFT 的高分辨率图像快速拼接算法。

　　（1）将相位相关算法应用于图像的相似区域的计算，避免了大量无用的非重叠区域的计算。首先，通过公式推导在 DOG 中确定了特征点的分布，并分析了不同特征点数对图像拼接质量的影响。然后，选择有利于图像拼接速度和质量的特征点数量。

　　（2）为了提高特征点的稳定性，扩大了极值点检测的范围，分析了不同检测范围对特征点的影响。首先，为了改善特征点的空间分布和图像信息的利用率，在极值点检测过程中加入 NMS，并分析了不同 NMS 的范围对特征点的影响。其次，根据分析的结果选择合适的极值点检测范围和 NMS 的范围。

　　（3）针对 SIFT 描述子鲁棒性差、维数大的问题，设计了一个 56 维度的圆形特征描述子。此外，本章考虑计算范围更大的描述子，并且对描述子的计算区域进行下采样，以兼顾速度和精度。

　　结果表明，与目前几种现有的图像拼接算法相比，本章 FSHR 算法提供了良好的拼接质量和优异的拼接效率，对高分辨率图像显示出优异的性能，这表明 FSHR 算法在实时图像拼接中具有潜在的应用价值。

6.2　FSHR 算法

本章的工作主要是基于 SIFT 算法进行改进，以减少高分辨率图像拼接的巨大时间成本。FSHR 算法流程如图 6.1 所示。由图 6.1 可知，FSHR 算法首先使用相位相关算法粗略地确定参考图像和配准图像的重叠区域，以减少非重叠区域的计算。其次，在特征点检测阶段，在保证良好匹配效果的前提下，减少提取的特征点数量。再次，扩大了极值点的检测范围，增加了 NMS，提高了特征点的稳定性和图像信息的利用率。最后，在描述子生成阶段构建了一个 56 维度的圆形描述子，在描述子的计算范围内进行采样，以进一步提高计算效率，利用特征点匹配计算投影变换矩阵，完成图像拼接。

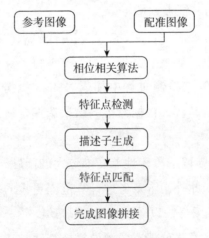

图 6.1　FSHR 算法的流程

6.2.1　相位相关算法

SIFT 算法必须对整幅图像进行计算，然而图像中并不是所有区域都能提供有效的信息，因此 SIFT 算法会产生一些无效的计算。在 SIFT 算法处理之前，本章应用相位相关算法来初步确定重叠区域。

FSHR 算法首先通过傅里叶变换将图像变换到频域，然后使用归一化的交叉功率谱计算两幅图像的偏移参数，算法详情见 3.3.2 节，此处不再赘述。

6.2.2　特征点检测

传统的 SIFT 算法极值点的检测区域大小只有 $3 \times 3 \times 3$，高分辨率图像的图像尺寸则非常大。由于特征点的检测范围较小，因此特征点的稳定性较差，且提取的特征点数量巨大，将会导致特征点检测、描述子生成和匹配阶段的计算时间过长。此外，过多的特征点几乎不会提高图像拼接的质量。因此，选择有效且数量合适的特征点尤为重要，这些特征点应在 DOG 中合理分布。

本章在特征点检测阶段做了三个改进：第一，在保证良好匹配结果的前提下，限制特征点的数量，提高算法的效率；第二，从更大的范围（$7 \times 7 \times 3$）检测极值点，以确保提取的特征点具有更好的稳定性；第三，在极值点检测的过程中增加了 NMS，以防止特征点在复杂纹理区域中聚集，同时可以提高特征点的空间分布和图像信息的利用率。

6.2.3　提取特征点的数量

在限制特征点总数时，有必要确定 DOG 的每一组中每一层的特征点数量。本章对这个问题进行了数学推导，过程如下。

将提取的特征点总数设置为 N_{sum}，其等于 DOG 中每个组的每层特征点数量之和，即

$$N_{\text{sum}} = \sum_{o=1}^{m} \sum_{l=2}^{n-1} N_{o,l} \tag{6.1}$$

式中，m 和 n 分别为 DOG 中的组数和层数；$N_{o,l}$ 为第 o 组的第 l 层中的特征点的数量。

本章将从两个相邻组的同一层提取的特征点数量的比例设置为 α，将同一组相邻两层提取的特征点数量的比例设置为 β，将 DOG 中第一组第二层的特征点的数量设置为 $N_{1,2}$，此时可以得到 DOG 中任何层的特征点数：

$$N_{o,l} = N_{1,2}\alpha^{o-1}\beta^{l-2}, l \geq 2 \tag{6.2}$$

特征点的数量在每个组的不同层中和不同组中的相同层中成等比形式分布，由此可得任意一层在每组中的特征点数量之和为

$$N_{\text{sum},l} = \frac{N_{1,2}\beta^{l-2}(1-\alpha^o)}{1-\alpha}, l \geq 2, \alpha \neq 1 \tag{6.3}$$

由于高斯金字塔是通过下采样的方法获得的，因此特征点提取的比例不能为 1，故不考虑 $\alpha=1$ 的情况。当 $N_{\text{sum},l} = \{N_{\text{sum},2}, N_{\text{sum},3}, \cdots, N_{\text{sum},n-1}\}$ 时，呈现等比分布。因此，特征点的总数为

$$N_{\text{sum}} = \begin{cases} (n-2)\sum\limits_{o=1}^{m} \dfrac{N_{1,2}\beta^{-1}(1-\alpha^o)}{1-\alpha}, & \alpha \neq 1, \beta = 1 \\[4mm] N_{1,2} \dfrac{(1-\alpha^o)(1-\beta^l)}{(1-\alpha)\beta(1-\beta)}, & l \geq 2, \alpha \neq 1, \beta \neq 1 \end{cases} \tag{6.4}$$

可得 $N_{1,2}$ 为

$$N_{1,2} = \begin{cases} \dfrac{N_{\text{sum}}}{(n-2)\sum\limits_{o=1}^{m} \dfrac{1-\alpha^o}{1-\alpha}}, & \alpha \neq 1, \beta = 1 \\[6mm] N_{\text{sum}} \dfrac{\beta(1-\alpha)(1-\beta)}{(1-\alpha^o)(1-\beta^l)}, & l \geq 2, \alpha \neq 1, \beta \neq 1 \end{cases} \tag{6.5}$$

将式（6.5）代入式（6.2）可得出任意组任意层的特征点数量为

$$N_{o,l} = \begin{cases} \dfrac{N_{\text{sum}}\alpha^{o-1}}{(n-2)\sum\limits_{o=1}^{m} \dfrac{1-\alpha^o}{1-\alpha}}, & \alpha \neq 1, \beta = 1 \\[6mm] N_{\text{sum}} \dfrac{(1-\alpha)(1-\beta)\alpha^{o-1}\beta^{l-1}}{(1-\alpha^o)(1-\beta^l)}, & l \geq 2, \alpha \neq 1, \beta \neq 1 \end{cases} \tag{6.6}$$

在确定提取特征点的总数量之后，可以根据式（6.6）计算特征点在

DOG 中的分布。在获得每一组中每一层的特征点数量后，根据对比度从大到小提取特征点，对比度计算公式为式（1.33）。由于每一个特征点都有可能检测到多个辅方向，特征点的每一个辅方向都将作为一个单独的特征点存在，因此每个特征点都可能作为多个特征点存在。所以在提取的过程中，需逐个进行检测，直到特征点数量达到限制的数量。在此过程中，由于特征点辅方向的原因，提取的特征点数量可能会略多于限制的数量。本章将在 6.3.3 节和 6.3.5 节讨论提取特征点的总数量和特征点提取的比例（α和β）。

6.2.4 特征点提取方法

本章将极值点的检测范围更改为$7 \times 7 \times 3$，以提高特征点的稳定性，同时将 NMS 添加到空间极值点的检测中，以防止特征点在复杂纹理区域中聚集，并使特征点的分布更加合理。因为每幅图像的尺寸大小不同，所以使用固定像素大小的抑制方法是不可行的。因此，NMS 的范围是根据相位相关计算后的图像大小进行设置的，其范围公式为

$$\{(x, y) \mid x \in (x_i - wM_\mathrm{p}, x_i + wM_\mathrm{p}), y \in (y_i - wN_\mathrm{p}, y_i + wN_\mathrm{p})\} \quad （6.7）$$

式中，x_i 和 y_i 为极值点的坐标；M_p 和 N_p 为相位相关算法计算后的图像的长和宽；w 为 NMS 范围的比例。

在空间极值点检测的过程中，要对所有点的对比度进行排序，按照从大到小的顺序提取，在每个极值点检测时，在式（6.7）所示的区域中执行 NMS。由于 DOG 有多个组和层，每个组都使用一个独立的 NMS。关于极值点检测范围和 NMS 的范围比例将在 6.3.3 节和 6.3.5 节进行讨论。

6.2.5 特征描述子

特征点提取完成后，需计算相应的描述子。SIFT 算法需要计算 4×4 区域的 8 个方向的梯度累积和，从而形成 128 维度的描述子，其较大的维度导致特征点匹配的时间开销较大。为了解决这个问题，本书使用类似梯

度方向直方图（GLOH）的 [92-93] 圆形邻域（半径为 10σ 和 12σ）的对数极坐标扇形区（7 个区域）来创建特征描述子。一系列实验表明，GLOH 获得了较好的结果。特征描述子的结构如图 6.2 所示。创建描述子的步骤如下：首先，建立以特征点为极点、R_1 和 R_2 为极径的双同心圆，并将外围圆环进行六等分。R_1 与 R_2 的比例为 0.3。然后，在每个区域中计算 8 个方向的梯度累积值（计算结果用作描述子）。关于特征点描述子的 R_1 和 R_2 比例以及外围圆环的等分数将在 6.3.4 节和 6.3.6 节进行讨论。

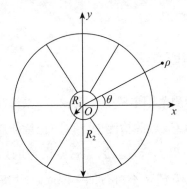

图 6.2　特征描述子的结构

此外，高分辨率图像的尺寸极大，而描述子的计算范围较小。描述子很难有效地描述特征点附近的信息，这可能会导致特征点匹配不准确。因此，我们有必要增加描述子的计算范围。然而，描述子计算范围的增加会导致计算的复杂性和时间成本的增大。为了解决上述问题，在建立描述子之前，本章对计算区域进行了扩展，并对计算区域使用了降采样的方法。当特征点计算区域的列数是偶数时，采用图 6.3（a）的降采样方法；当特征点计算区域中的列数为奇数时，采用图 6.3（b）的降采样方法。在降采样的过程中，保留黑色区域的像素值，并丢弃白色区域的像素值，以获得降采样的图像。关于特征点描述子的计算范围和降采样方法的影响将分别在 6.3.4 节和 6.3.6 节讨论。

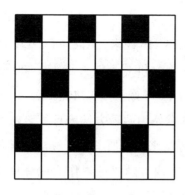 

（a）计算区域是偶数列　　　　　　（b）计算区域是奇数列

图6.3　特征点描述子的降采样方法

6.3　实验结果与分析

6.3.1　实验环境和图像数据集

本次实验的运行环境是CPU为inter® CORE™ i7-12700F CPU @ 2.10 GHz、内存为16 GB RAM的64位Windows 11操作系统。本章收集了一些高分辨率的图像，并建立了三个数据集来评估所FSHR算法。

（1）数据集1：包含150幅手机和数码相机的图像。这些图像包括建筑物、山脉、城市、河流、农田等场景，具有刚性或仿射变换。图像的大小分别为2 800像素 × 3 420像素至4 077像素 × 4 077像素。

（2）数据集2：包含120对无人机图像。这些图像包括山脉、城市、海岸等场景，具有刚性或仿射变换。图像大小分别为32 406像素 × 409像素和4 320像素 × 4 320像素。

（3）数据集3：包含120对卫星图像。这些图像包括山脉、城市、农田、沙漠等场景，具有刚性变换。图像的大小为5 120像素 × 5 120像素。

数据集部分图像如图6.4所示。其中，图6.4（a）和（b）的大小为

3 000 像素 ×3 700 像素，图 6.4（c）和（d）的大小为 3 500 像素 ×3 500 像素。图 6.4（e）和（f）的大小为 3 800 像素 ×3 456 像素，图 6.4（g）和（h）的大小为 5 120 像素 ×5 120 像素，图 6.4（i）和（j）的大小为 3 800 像素 × 3 456 像素，图 6.4（k）和（l）的大小为 4 096 像素 ×3 240 像素。

　　为了保证 FSHR 算法的有效性，本章使用两种方法来计算算法相关的参数：①随机选择 60% 的图像作为训练集来计算所 FSHR 算法的参数，其余 40% 的图像作为测试集；② 60% 的图像被随机选择作为训练集和验证集，并使用 5 折交叉验证来计算所提出算法的参数，而剩余的 40% 的图像将作为测试集。

（a）数码相机拍摄图像 1　　　　　（b）数码相机拍摄图像 2

（c）无人机图像 1　　　　　　　（d）无人机图像 2

图 6.4　数据集部分图像

（e）手机拍摄图像 1　　　　　　　　（f）手机拍摄图像 2

（f）卫星图像 3　　　　　　　　（h）卫星图像 4

（i）数码相机拍摄图像 3　　　　　　（j）数码相机拍摄图像 4

图 6.4　（续）

（k）无人机图像 3　　　　　　　　　（l）无人机图像 4

图 6.4　（续）

6.3.2　客观评价指标

为了计算 FSHR 算法的相关参数的影响，本章使用图像拼接重叠区域的 SSIM 和 PSNR 作为图像拼接质量的拼接指标。此外，本章利用描述子计算区域占比对提取的特征点的空间分布进行客观评价，其计算公式为

$$A_{\text{ratio}} = \frac{S(\bigcup\limits_{i=1}^{n}A_i)}{M \times N} \tag{6.8}$$

式中，M 和 N 为通过相位相关算法计算后的图像的大小；A_i 为每个描述子的计算区域；$S(\bigcup\limits_{i=1}^{n}X_i)$ 为每个特征点计算区域的并集的区域，该值越大，图像信息的利用率就越高。

6.3.3　无验证集的情况下特征点提取相关参数的分析

1. 提取特征点的总数量分析

提取特征点的总数量必须确保拼接图像具有良好的质量和效率。本章将从以下四个方面进行分析：特征点的匹配率、描述子计算区域占比、

SSIM 和 PSNR。设置不同提取特征点的总数量，计算上述四个指标的变化，结果如图 6.5 所示。由图 6.5（a）可知，数据集 1、数据集 2 和数据集 3 的平均匹配率随着特征点数量的增加而增加。增长率是先显著上升，再有所放缓。由图 6.5（b）可知，描述子计算区域的占比随着特征点数量的增加而增加；当提取特征点的总数量达到 750 时，增长趋势有所放缓。由图 6.5（c）和（d）可知，SSIM 和 PSNR 的整体趋势是先增加后波动。四个指标在提取特征点的总数量达到 750 之后增长缓慢，这表明特征点的数量达到 750 之后，对图像拼接提升的贡献很小。因此，提取特征点的总数量应设置在 750 以上。观察 SSIM 和 PSNR 的三个数据集（数据集 1、数据集 2 和数据集 3）的平均值后可知，当特征点的数量达到 900 时，SSIM 和 PSNR 都达到最大值，说明此时的图像拼接具有较好的拼接质量。同时，当提取特征点的总数量为 900 时，平均匹配率和描述子计算区域占比的表现都较好。此外，由于 900 明显大于 750，设置更高的提取特征点的总数量可以确保在不同的数据集上获得良好的结果，因此本章将提取特征点的总数量设置为 900。

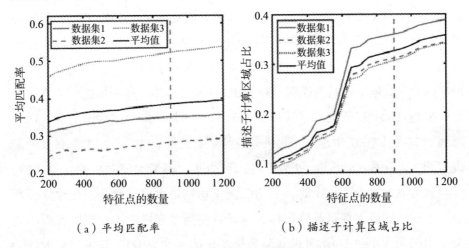

（a）平均匹配率　　　　　　　（b）描述子计算区域占比

图 6.5　特征点数量对拼接结果的影响

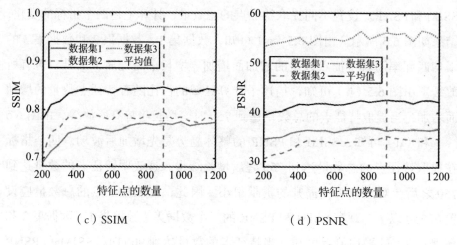

（c）SSIM　　　　　　　　　（d）PSNR

图 6.5　（续）

2. 特征点提取比例的分析

在确定特征点提取的总数量后，根据式（6.6）计算 DOG 中各组的每一层的数量。然而，在式（6.6）中，α 和 β 的数值是不确定的，因此本章通过设置不同的 α 和 β 来计算二者的影响，以获得 α 和 β 的值。图 6.6 显示了 α 和 β 对平均匹配率的影响，因 α 和 β 的变化对 SSIM、PSNR 和描述子计算区域占比没有显著影响，本章不做描述。由图 6.6 可知，随着 β 的增加，平均匹配率整体趋势先增加后减少。当 β 为 1.00 ~ 1.02 时，平均匹配率达到最大值。该结果说明，在 DOG 的同一组中，每一层的特征点对最终匹配的贡献是接近的。尽管当 $\beta=1.01$ 时，平均匹配率达到最大值，但考虑到 DOG 的同一组中每一层提供有效特征点的可能性相等，本章将 β 的值设置为 1。由图 6.6 可知，β 为 1 时，平均匹配率最大值对应的 α 为 0.24，且当 α 为 0.25，β 为 1.01 时，平均匹配率达到最大值。此外，在建立高斯金字塔时，图像需要进行降采样，这导致高斯金字塔的下一组图像大小是上一组图像大小的 1/4。考虑到降采样图像的尺寸为 1/4，其可以提取的特征点数量的比率也应该是 1/4，因此本章将 α 的值设置为 0.25。

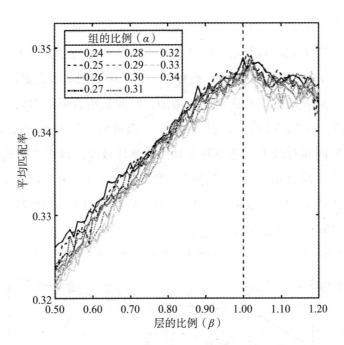

图 6.6 特征点提取比例对平均匹配率的影响

3. 极值点检测范围的分析

由于高分辨率图像的尺寸较大，使用传统的 SIFT 算法检测极值点时，极值点比较的范围较小，因此其提取的特征点稳定性较差，也可能导致过多的特征点聚集在纹理复杂的区域，不利于图像信息的利用。从更大的范围检测极值点将更有利于特征点的稳定性和图像信息的利用，但更大的范围也会导致更大的计算复杂性。为此，本章分析了不同大小的检测范围对平均匹配率和时间的影响，以获得较低的时间成本和适当的检测范围，其结果如图 6.7 所示。由图 6.7（a）可知，当极值点检测范围为 3×3×3（传统的 SIFT 检测范围）时，平均匹配率最低，表明此时特征点的稳定性最差，对图像信息的利用率最低。特征点检测的范围越大，计算中涉及的信息就越多，差异范围较小的极值点将被删除，提取的特征点可以在较大的范围内保持较大的差异，从而使得提取的特征点更加稳定。平均匹配率整体上呈现出随着检测范围的增加而增加的趋势，这表明特征点的稳定性随着检测距离的增加而提高。然而，当检测范围为 7×7×3 时，平均匹配率的整体增长趋势放缓，并且平均匹配率在 $7\times7\times3$ 到 $11\times11\times3$ 的范围内增长缓慢，表明此时检测范围的增加对平均匹配率的影响不大。当检测范围达到 $11\times11\times3$ 后，整体增长趋势更大，平均匹配率增长更快。由图 6.7（b）可知，随着极值点检测范围的增加，时间呈指数形式增长。当极值点检测范围为 $7\times7\times3$ 时，时间相对较小。当极值点检测范围在 $11\times11\times3$ 之后时，时间相对较大，这不利于算法的整体效率。综合考虑时间和平均匹配率，本章将极值点的检测范围设置为 $7\times7\times3$。由 $7\times7\times3$ 范围提取的特征点比从 $3\times3\times3$ 范围（传统的 SIFT 检测范围）提取的特征点将更稳定，并且时间成本的增加较少。

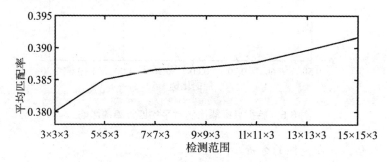

（a）极值点检测范围对平均匹配率的影响

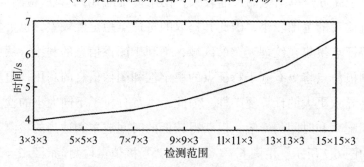

（b）极值点检测范围对时间的影响

图 6.7　极值点检测范围对平均匹配率和时间的影响

4.NMS 的范围分析

为了确定 NMS 的范围比例，本章分析了不同的范围比例对平均匹配率、特征点数量、匹配特征点的平均数量和描述子计算区域占比的影响，其结果如图 6.8 所示。由图 6.8（a）可知，平均匹配率随着 NMS 的范围比例的增加，呈现先增大后减小的趋势。当 NMS 的范围比例为 0.011 时，平均匹配率达到最大值。由图 6.8（b）和（c）可知，提取的特征点和匹配特征点的平均数量都随着 NMS 范围比例的增加而减少，但匹配特征点的平均数量在 0 ～ 0.005 缓慢减少。由图 6.8（d）可知，描述子计算区域占比随着 NMS 的范围比例的增加，呈现先增大后减小的趋势。当 NMS 的范围比例为 0.011 时，描述子计算区域占比达到最大值。少量匹配的特征点不利于两幅图像投影变换矩阵的计算，应尽可能保证更多匹配的特征点。因此，与描述子计算区域占比和平均匹配率相比，应该优先考虑提取的特征点的数量和平均匹配的数量。当 NMS 的范围比例为 0.011 时，描述子计算区域占比和平均匹配率均达到最大值。然而，此时提取的特征点的数量和平均匹配数量较差，故不考虑该值。当 NMS 的范围比例为 0.005 时，虽然平均匹配率和描述子计算区域占比都没有达到最大值，但与未使用 NMS 的方法相比有显著提高。并且，此时可取的特征点的数量和平均匹配数量相对较多，与未使用 NMS 的方法之间的差异非常小。考虑到提取的特征点的数量和特征点匹配的数量更重要，本章将 NMS 的范围比例设置为 0.005。此时，特征点的数量和匹配的特征点的数量表现得更好，与未使用 NMS 的方法相比，平均匹配率和描述符计算区域占比也有显著的提高。

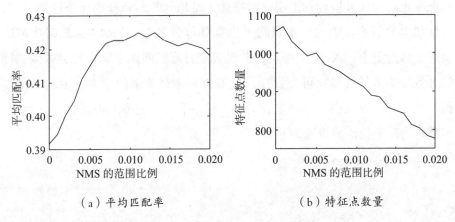

（a）平均匹配率　　　　　　　　（b）特征点数量

图 6.8　NMS 的范围比例对特征点提取的影响

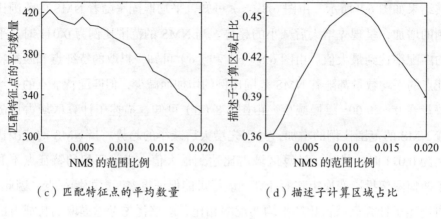

（c）匹配特征点的平均数量　　　　　（d）描述子计算区域占比

图 6.8　（续）

6.3.4　在无验证集的情况下，特征点描述子相关参数的分析

1. 外围圆环等分数量与内环半径比值的分析

在训练集上，本章计算了外围圆环等分数量和内环半径比值（R_1 与 R_2 的比值）对特征点匹配率的影响，其结果如图 6.9 所示。由图 6.9 可知，当外围环等分数量为 3、4 和 5 时，平均匹配率相对较低，说明此时描述子结构计算的特征描述子性能较差。当外围环等分数量大于或等于 6 时，平均匹配率相对较高且接近，说明此时描述子结构计算的特征描述子性能较好，且性能差异较小。因此，本章将外围圆环等分数量设置为 6，此时生成的描述子维度更小，仅 56 个维度，并且具有良好的匹配率。只观察外围圆环等分数量为 6 的线段，可以发现，随着内环半径比值的增大，平均匹配度先增大后减小，当内环半径之比为 0.3 时，平均分配率取得最大值。因此，本章将内环半径比值设置为 0.3。

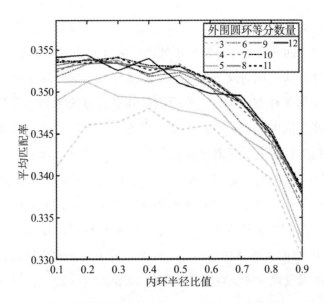

图 6.9 外围圆环等分数量与内环半径比值对特征点平均匹配率的影响

2. 描述子降采样方法分析

为了验证提出的降采样方法的有效性，并确定描述子计算的范围，本书在上述参数的基础上，分析了不同的描述子计算的范围（特征点对应的尺度倍数）对四种不同的降采样方法的平均匹配率和时间的影响，其结果如图 6.10 所示。四种降采样方法分别如下：①本章提出的降采样方法（图6.3）；②无须奇偶校验直接使用降采样方法；③在 FSHR 算法的基础上，将降采样的采样间隔从 1 更改为 2；④将无须奇偶校验直接使用降采样方法的采样间隔从 1 更改为 2。由图 6.10（a）可知，四种降采样方法的平均匹配率均随着特征点对应的尺度大小的增加，呈现先增大后减小的趋势。降采样方法①和②的平均匹配率接近，且均与不使用降采样方法的差距较小，说明降采样的间隔为 1，并不会对特征点描述子的性能有过大影响。相比于降采样方法①和②，降采样方法③和④的平均匹配率大幅度下降，这表明采样间隔增大，导致特征点的描述不完整，描述子性能降低，因此特征点的匹配率较低。当描述子计算范围为特征点的对应尺度的 10 倍时，不使用降采样的方法与使用降采样方法①和②的平均匹配率均达到最大值，且差距较小，降采样方法①的平均匹配率大于降采样方法②，说明提出的

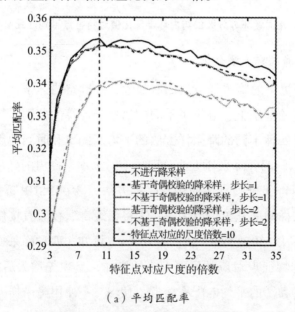

（a）平均匹配率

图 6.10 不同的降采样方法对比

152

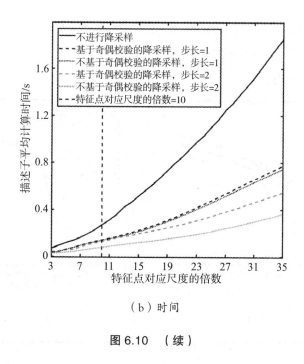

（b）时间

图 6.10 （续）

6.3.5 在有验证集的情况下，特征点提取相关参数的分析

1. 提取特征点的总数量分析

在有验证集的情况下，设置不同提取特征点的数量，并计算平均匹配率、描述子区域占比、SSIM 和 PSNR 四个参数的变化，在训练集上的结果如图 6.11 所示。由图 6.11 可知，5 次交叉验证实验的平均匹配率均随着特征点数量的增加而增加。增长率先是显著上升，再有所放缓。5 次交叉验证实验的描述子区域占比均随着特征点数量的增加而增加。特征点数量达到 750 时，增长趋势就会放缓。SSIM 和 PSNR 的 5 次交叉验证实验的总体趋势均是先增加后波动。当训练集中提取的特征点数量达到 750 和 900 时，SSIM 和 PSNR 获得了良好的结果，但在平均匹配率和描述符计算区域的比率方面，特征点数量为 900 的结果优于特征点数量为 750 的结果。根据训练集的表现，将特征点的数量设置为 900。图 6.12 显示了 4 个参数在验证集上的变化，整体变化与训练集的变化相似。当特征点的数量为 900 时，

验证集上 4 个参数均获得了良好的结果，并且达到了 SSIM 和 PSNR 的最大值。综上可知，当特征点提取的数量设置为 900 时，在训练集和验证集上的 4 个参数表现良好。

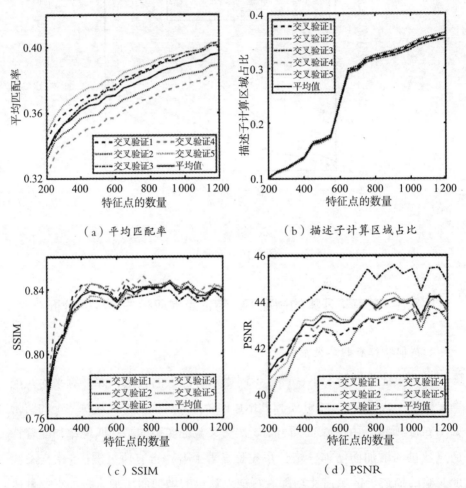

（a）平均匹配率　　　　　　（b）描述子计算区域占比

（c）SSIM　　　　　　　　（d）PSNR

图 6.11　在训练集上特征点数量的影响

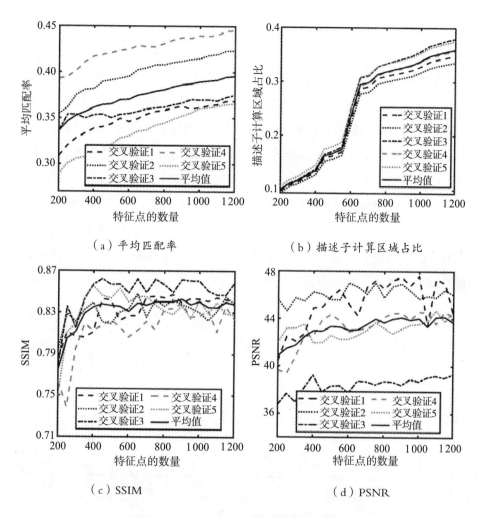

（a）平均匹配率

（b）描述子计算区域占比

（c）SSIM

（d）PSNR

图 6.12　在验证集上特征点数量的影响

2. 特征点提取比例的分析

在有验证集的情况下，在训练集和验证集上 α 和 β 的变化对平均匹配率的影响如图 6.13 所示。由图 6.13（a）、（c）、（e）、（g）、（i）和（k）可知，在训练集中，5 次交叉验证实验及其平均值均在 β 为 1.00 ～ 1.02 时取得平均匹配率的最大值；当 β 为 1 时，5 次交叉验证实验的平均匹配率均获得了良好的结果。由图 6.13（b）、（d）、（f）、（h）、（j）和（l）可知，在验证集中，当 β 为 1.00 ～ 1.02 时，3 个交叉验证实验的平均匹配率达到最大值；当 β 分别为 1.16 和 1.17 时，另外 2 次交叉验证实验的平均匹配率达到最大值；当 β 为 1 时，5 次交叉验证实验的平均匹配率均获得了良好的结果。考虑到 DOG 的同一组中的每个层提供有效特征点的可能性相等，并且当 β 为 1 时，在训练集和验证集上均取得了良好的效果，因此本章将 β 设置为 1。观察各幅图中 β 为 1 的线段，在训练集上的 5 次交叉验证实验均是在 α 为 0.24 时，平均匹配率取得了最好的结果；在验证集上的 4 次交叉验证实验均是在 α 为 0.24 时，平均匹配率取得了最好的结果。另外一次则是在 α 为 0.25 时。综合来看，当 α 为 0.24 时，匹配率具有最好的表现。考虑到 DOG 中下一个组的大小是上一个组的 1/4，并且在训练集和验证集上的 5 次交叉验证实验及其平均值在 α 分别为 0.25 和 0.24 时的平均匹配率相差较小，因此将 α 的值设置为 0.25。

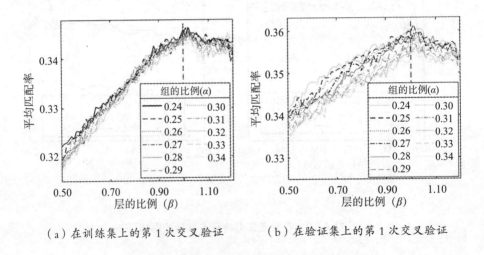

（a）在训练集上的第 1 次交叉验证　　　（b）在验证集上的第 1 次交叉验证

图 6.13　特征点提取比例对平均匹配率的影响

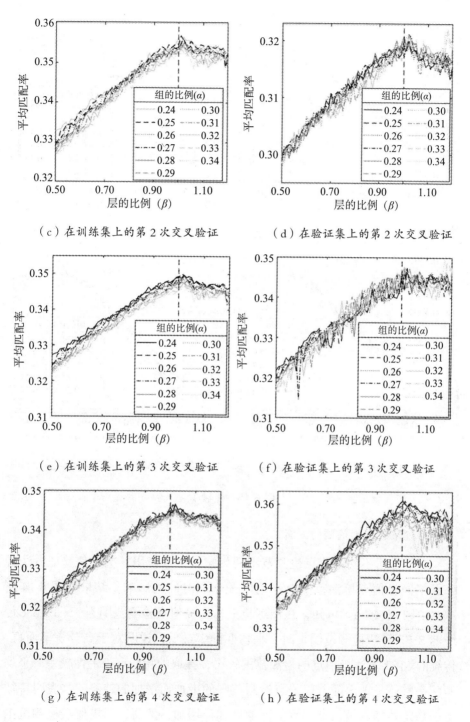

（c）在训练集上的第 2 次交叉验证　　　　（d）在验证集上的第 2 次交叉验证

（e）在训练集上的第 3 次交叉验证　　　　（f）在验证集上的第 3 次交叉验证

（g）在训练集上的第 4 次交叉验证　　　　（h）在验证集上的第 4 次交叉验证

图 6.13　（续）

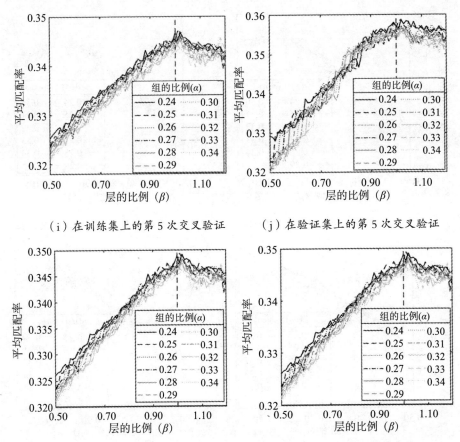

（i）在训练集上的第 5 次交叉验证　　（j）在验证集上的第 5 次交叉验证

（k）在训练集上的 5 次交叉验证的平均值　（l）在验证集上的 5 次交叉验证的平均值

图 6.13　（续）

3. 极值点检测范围的分析

为了分析不同极值点检测范围的影响，本章使用 5 次交叉验证方法计算了不同极值点检测范围对平均匹配率和时间的影响，结果如图 6.14 所示。由图 6.14（a）可知，在训练集上，当极值点检测范围为 $3 \times 3 \times 3$（传统的 SIFT 算法检测范围）时，平均匹配率最低，说明对于高分辨率而言，传统的 SIFT 算法极值点的检测范围较小，提取的特征点稳定性较差。平均匹配率整体呈现出随着极值点检测范围的增加而增加的趋势，这表明特征点的稳定性随着极值点检测范围的增加而增加。然而，当极值点检测范围

为 $5\times5\times3$ 时，平均匹配率的总体增长趋势放缓，即极值点检测范围达到 $5\times5\times3$ 后对平均匹配率的影响很小。由图 6.14（c）可知，在验证集上，在极值点检测范围达到 $5\times5\times3$ 后，4 次交叉验证实验及 5 次交叉验证实验的平均匹配率的总体增长趋势有所放缓，说明极值点检测范围在 $5\times5\times3$ 后对平均匹配率的影响很小。因此，基于训练集和验证集上平均匹配率的表现，将极值点检测范围设置为 $5\times5\times3$。由图 6.14（b）和（d）可知，在训练集和测试集中，5 次交叉验证实验的时间均随着极值点检测距离的增加呈指数型增加。综上可知，当极值点检测范围为 $5\times5\times3$ 时，平均匹配率在验证集中获得了良好的性能，并且时间成本较小。因此，本章将极值点检测范围设置为 $5\times5\times3$，此时训练集和验证集都可以获得良好的结果，并且 $5\times5\times3$ 的极值点检测范围提取的特征点比传统的 SIFT 算法提取的特征点更稳定，时间成本的增加较少。

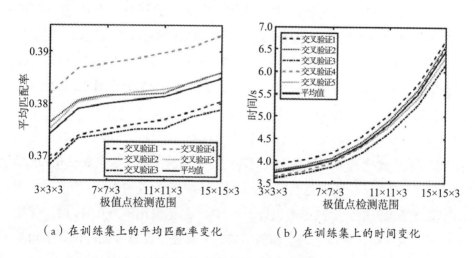

（a）在训练集上的平均匹配率变化　　　（b）在训练集上的时间变化

图 6.14　极值点检测范围的影响

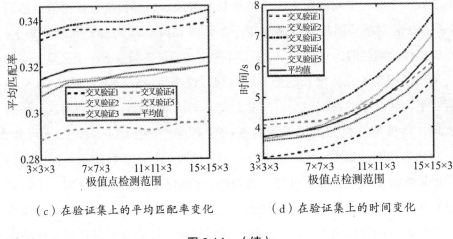

（c）在验证集上的平均匹配率变化　　　　（d）在验证集上的时间变化

图 6.14　（续）

4.NMS 的范围分析

为了确定 NMS 的范围，本章使用 5 次交叉验证方法分析了不同的
NMS 范围对平均匹配率、特征点数量、平均匹配的特征点数量和描述子计
算区域占比的影响，其结果如图 6.15 和图 6.16 所示。由图 6.15 可知，在
训练集上，5 次交叉验证实验的平均匹配率随着 NMS 的范围比例的增加，
呈现先增大后减小的趋势，当 NMS 的范围比例为 0.011 时，平均匹配率达
到最大值。5 次交叉验证实验提取的特征点和匹配特征点的平均数量都随
着 NMS 范围比例的增加而减少，但匹配特征点的平均数量在 0 ～ 0.005 缓
慢减少。5 次交叉验证实验的描述子计算区域占比均随着 NMS 的范围比例
的增加，呈现先增大后减小的趋势，当 NMS 的范围比例为 0.011 时，描述
子计算区域占比达到最大值。如前所述，与描述子计算区域占比和平均匹
配率相比，应该优先考虑提取的特征点的数量和平均匹配的数量，当 NMS
的范围比例为 0.005 时，可取的特征点的数量和平均匹配数量均相对较大，
与未使用 NMS 的方法之间的差异非常小，并且平均匹配率和描述子计算区
域占比与未使用 NMS 的方法相比有显著提高，因此训练集可以将 NMS 的
范围比例设置为 0.005。由图 6.16 可知，在验证集中，当 NMS 设置为 0.005
时，在特征点的数量和平均匹配特征点的数量方面表现良好，平均匹配率

和描述子计算区域占比与未使用 NMS 的方法的结果相比，获得了更好的结果。因此，NMS 范围比率被设置为 0.005。

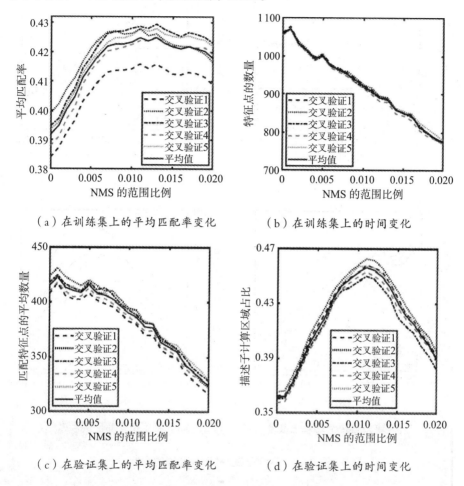

（a）在训练集上的平均匹配率变化　　　　（b）在训练集上的时间变化

（c）在验证集上的平均匹配率变化　　　　（d）在验证集上的时间变化

图 6.15　在训练集上 NMS 范围的影响

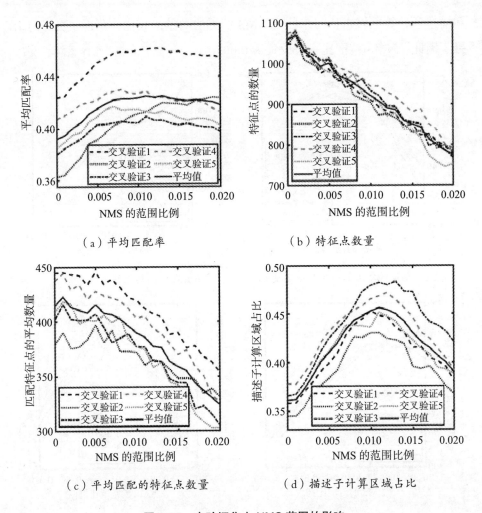

（a）平均匹配率   （b）特征点数量

（c）平均匹配的特征点数量   （d）描述子计算区域占比

图 6.16   在验证集上 NMS 范围的影响

6.3.6   在有验证集的情况下，特征点描述子相关参数的分析

1. 外围圆环等分数量与内环半径比值的分析

为了确定外围圆环等分数量与内环半径比值（R_1 与 R_2 的比值），本章采用 5 次交叉验证的方法分析了上述因素对平均匹配率的影响，其结果如图 6.17 所示。由图 6.17 可知，在训练集上，5 次交叉验证实验在外围圆环等分数量的数量为 3、4 和 5 时，平均匹配率均相对较低；当外围圆环等分

数量大于或等于6时，平均匹配率相对较高且接近。观察外围圆环等分数量为6的线段可知，当内环半径比值为0.2和0.3时，平均匹配率最大值。在5次交叉验证实验中，内环半径比值为0.2时，一次达到最大值；内环半径比值为0.3时，4次达到最大值。5次交叉验证实验的平均值与5次交叉验证实验的结果接近。基于训练集，可以初步将外围圆环等分数量与内环半径比值分别设置为6和0.3。在验证集上，5次交叉验证实验在外围圆环等分数量大于或等于6时的平均匹配率接近。观察外围圆环等分数量为6的线段可知，当内环半径比值为0.2、0.3、0.4和0.5时，平均匹配率取得最大值。在5次交叉验证实验中，内环半径比值为0.2时，2次达到最大值；内环半径比值为0.3、0.4和0.5时，分别1次达到最大值。从5次交叉验证实验的平均值来看，内环半径比值为0.3的结果略好于内环半径比值为0.2的结果。综上，将外围圆环等分数量设置为6个，内环半径比值设置为0.3，可以获得良好的效果。

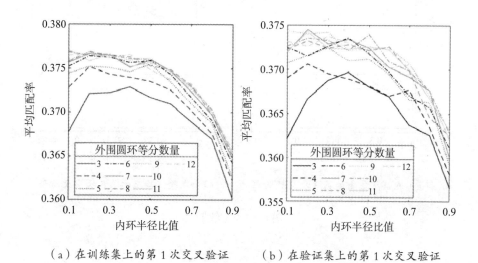

（a）在训练集上的第1次交叉验证　　　（b）在验证集上的第1次交叉验证

图 6.17　外围圆环等分数量与内环半径比值对特征点平均匹配率的影响

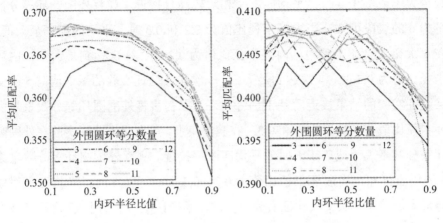

（c）在训练集上的第 2 次交叉验证　　（d）在验证集上的第 2 次交叉验证

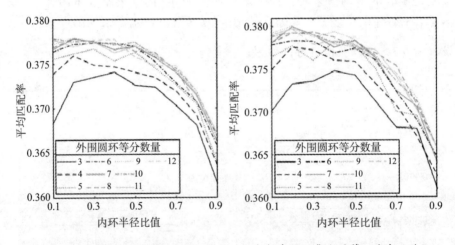

（e）在训练集上的第 3 次交叉验证　　（f）在验证集上的第 3 次交叉验证

图 6.17　（续）

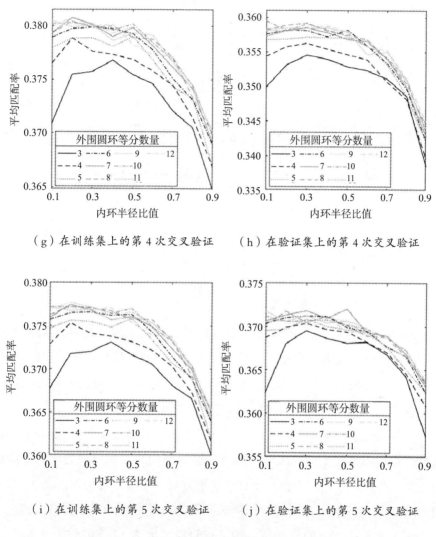

（g）在训练集上的第 4 次交叉验证　　（h）在验证集上的第 4 次交叉验证

（i）在训练集上的第 5 次交叉验证　　（j）在验证集上的第 5 次交叉验证

图 6.17　（续）

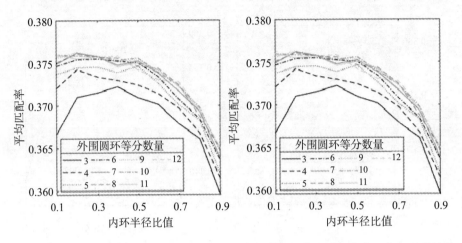

（k）在训练集上的 5 次交叉验证的平均值　（l）在验证集上的 5 次交叉验证的平均值

图 6.17　（续）

2. 描述子降采样方法分析

6.3.4 节已经证实采样间隔等于 2 的方法是无效的。此外，6.3.4 节的实验显示了时间成本的变化，并且 5 次交叉验证的结果与以前的实验相同，因此本节不分析时间的成本。本章使用 5 次交叉验证的方法分析不同的降采样方法对平均匹配率的影响，其结果如图 6.18 所示。由图 6.18（a）和（b）可知，提出的基于奇偶校验的降采样方法随着描述子计算范围的增大，在训练集和验证集上的 5 次交叉验证实验的平均匹配率呈现先增大后降低的趋势。在训练集上，当描述子计算范围分别为特征点对应尺度的 10 倍和 12 倍时，提出的基于奇偶校验的降采样方法的平均匹配率达到最大值。结合 5 次交叉验证实验的平均值，特征点对应尺度为 12 倍的效果要好于 10 倍的效果。在验证集上，当描述子计算范围为特征点对应尺度的 10 倍时，平均匹配率取得了良好的效果，并且此时 5 次交叉验证实验的平均值达到最大值。因此，将 FSHR 算法的描述子计算范围设置为特征点对应尺度的 12 倍。由图 6.18（c）和（d）可知，在训练集上，不进行奇偶校验的降采样方法在描述子计算范围为特征点对应尺度的 10 倍时，5 次交叉验证实验及其平均值均达到了最大值。在验证集上，综合 5 次交叉验证实验及其平均值可知，描述子计算范围为特征点对应尺度的 10 倍时，不进行奇偶校验的降采样方法取得了良好的效果。由图 6.18（e）和（f）可知，提出的基于奇偶校验的降采样方法的最大值大于不进行奇偶校验的降采样方法的最大值，这表明相比不进行奇偶校验的降采样方法，提出的基于奇偶校验的降采样方法有效地提高了平均匹配率，证明提取的奇偶校验的方法是有效的。此外，当描述子计算范围为特征点对应尺度的 12 倍时，提出的基于奇偶校验的降采样方法的平均匹配率接近不进行降采样方法的平均匹配率，并且基于 6.3.4 节的分析可知，提出的基于奇偶校验的降采样方法具有更低的时间开销。综上，将提出的基于奇偶校验的降采样方法的描述子计算范围设置为特征点对应尺度的 12 倍。上述分析也表明提出的基于奇偶校验的降采样方法能收到良好的效果，并且可以有效地减少时间成本。

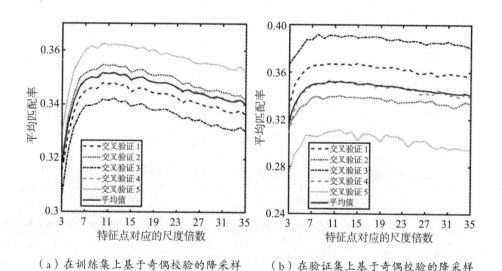

（a）在训练集上基于奇偶校验的降采样　　（b）在验证集上基于奇偶校验的降采样

图 6.18　不同的降采样方法的影响

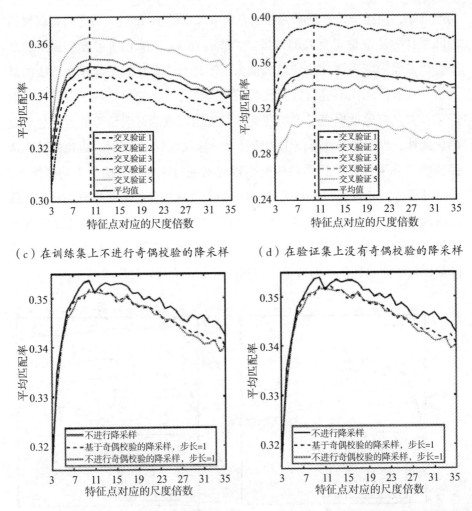

（c）在训练集上不进行奇偶校验的降采样　　（d）在验证集上没有奇偶校验的降采样

（e）在训练集上 5 次交叉验证平均值的比较（f）在验证集上 5 次交叉验证平均值的比较

图 6.18 　（续）

6.3.7　提取方法和描述子的分析

为了测试所 FSHR 算法提取的特征点的效果，分别使用 FSHR 算法（没有验证集和有验证集）以及 SIFT 算法对图 6.4（a）～（f）进行特征点提取，其特征点提取结果如图 6.19 所示。由图 6.19 可知，SIFT 算法提取的特征点数量巨大，将会导致特征点的提取、描述子的生成和特征点的匹配三个阶段的时间开销巨大；并且提取的特征点在整幅图像上均匀分布，将会导致非重叠区域的大量特征点不能进行有效的匹配。提出的没有验证集的算法和提出的有验证集的算法提取的特征点数量少，在特征点的提取、描述子的生成和特征点的匹配三个阶段的时间开销极小；并且提取的特征点只分布于图像中的重叠区域，因此提取的特征点能够进行更有效的匹配。

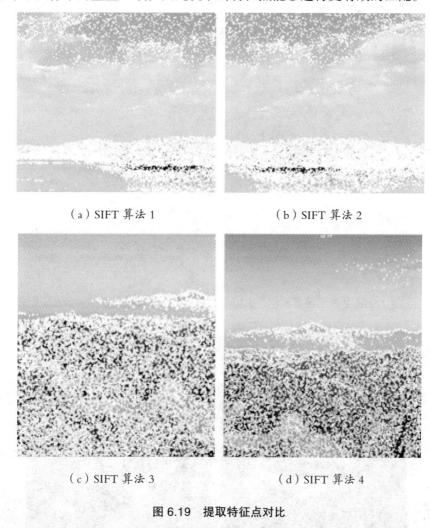

（a）SIFT 算法 1　　　　　　（b）SIFT 算法 2

（c）SIFT 算法 3　　　　　　（d）SIFT 算法 4

图 6.19　提取特征点对比

（e）SIFT 算法 5 　　　　　　　　（f）SIFT 算法 6

（g）FSHR 算法（没有验证集）1 　　　（h）FSHR 算法（没有验证集）2

（i）FSHR 算法（没有验证集）3 　　　（j）FSHR 算法（没有验证集）4

图 6.19 　（续）

（k）FSHR 算法（没有验证集）5　　（l）FSHR 算法（没有验证集）6

（m）本书 FSHR 算法（有验证集）1　（n）本书 FSHR 算法（有验证集）2

（o）本书 FSHR 算法（有验证集）3　（p）本书 FSHR 算法（有验证集）4

图 6.19　（续）

（q）FSHR 算法（有验证集）5　　　　（r）FSHR 算法（有验证集）6

图 6.19　（续）

　　为了进一步验证提出的扩大极值点检测范围和增加 NMS 的有效性，本章在相位相关算法计算图像重叠区域的基础上，分别使用提出的没有验证集的算法、提出的有验证集的算法和 SIFT 算法在测试集上提取相同数量的特征点，并通过 SIFT 描述符对特征点进行匹配，计算其特征点的描述子计算区域占比、初匹配率、PSNR 和 SSIM，其结果见表 6.1 所列。由表 6.1 可知，在描述子计算区域占比的平均值方面，提出的没有验证集的算法效果最佳，提出的有验证集的算法次之，说明 FSHR 算法通过扩大极值点检测范围和增加 NMS 有效地提升了特征点的空间分布，并且相比提出的有验证集的算法，提出的没有验证集的算法的极值点检测范围更大，因此其特征点空间分布更好。在描述子计算区域占比的标准差方面，提出的没有验证集的算法和提出的有验证集的算法均优于 SIFT 算法，且二者标准差的差距极小，说明二者在处理不同的图像时，描述子计算区域占比波动较小，因此 FSHR 算法具有较好的稳定性。在初匹配率的平均值和标准差方面，提出的有验证集的算法的表现最佳，提出的没有验证集的算法次之，并且二者差距极小，说明 FSHR 算法提取的特征点能够进行更为有效的匹配，并且 FSHR 算法处理不同图像时的波动较小，算法较稳定。在 PSNR 和 SSIM 的标准差和平均值方面，提出的有验证集的算法的表现最佳，提出的没有验证集的算法次之，并且二者差距极小，说明 FSHR 算法能够提取有效的特征点，从而提高图像的拼接质量。综上可知，FSHR算法通过扩大极值点检测范围和增加 NMS 有效地提高了特征点的空间分布，提取的特征点能够进行更为有效的匹配，且有效地提升了图像的拼接质量。

表6.1　特征点提取方法对比

算法	描述子计算区域占比		初匹配率		PSNR		SSIM	
	平均值	标准差	平均值	标准差	平均值	标准差	平均值	标准差
SIFT	0.336 7	0.094 1	0.396 4	0.269 0	33.437 3	16.769 4	0.881 7	0.280 7
FSHR 算法（没有验证集）	0.391 5	0.090 1	0.498 9	0.235 0	33.711 0	16.489 1	0.884 5	0.248 8
FSHR 算法（有验证集）	0.391 3	0.090 4	0.500 0	0.232 8	33.740 4	16.153 0	0.885 5	0.249 6

为了验证提出的描述子的性能，本章在提出算法提取特征点的基础上，分别使用 FSHR 算法的描述子和 SIFT 的描述子进行特征点匹配，并分析其初匹配率、误匹配率、PSNR 和 SSIM，其结果见表6.2所列。由表6.2可知，在没有验证集的情况下，SIFT 算法的描述子在初匹配率的平均值方面优于 FSHR 算法，但其初匹配率的标准差大于 FSHR 算法，说明其初匹配率波动较大；在误匹配率、PSNR 和 SSIM 方面，FSHR 算法均优于 SIFT 算法，说明 FSHR 算法的描述子具有更好的性能，可以有效地去除初匹配中的错误匹配，因此 FSHR 算法的描述子具有更好的性能，且稳定性更好。在有验证集的情况下，其结果与没有验证集的结果相似。综合对比来看，相比提出的有验证集的算法，提出的没有验证集的算法在初匹配率方面的表现更好，但二者差距较小，说明两种方法提取的特征点稳定性均较好；在误匹配率方面，提出的有验证集的算法的表现更好，这是因为该方法的描述子计算范围更大，可以更好地消除错误匹配。在 PSNR 和 SSIM 方面，提出的没有验证集的算法的表现更好，说明该方法能够有效地提高图像的拼接质量，且图像拼接质量的波动较小。综上，提出的没有验证集的算法的性能更好，但与提出的有验证集的算法的差距不大，说明提出的描述子是

有效的，能够有效地提高图像的拼接质量。

表 6.2　描述子对比

算法		初匹配率		误匹配率		PSNR		SSIM	
		平均值	标准差	平均值	标准差	平均值	标准差	平均值	标准差
没有验证集	SIFT	0.498 9	0.235 0	0.297 6	0.358 8	33.711 0	16.489 1	0.884 5	0.248 8
	FSHR算法	0.496 1	0.231 8	0.283 7	0.348 4	34.222 9	15.771 0	0.902 6	0.235 3
有验证集	SIFT	0.500 0	0.232 8	0.296 7	0.357 0	33.740 4	16.153 0	0.885 5	0.249 6
	FSHR算法	0.495 3	0.232 1	0.280 1	0.341 9	34.136 4	15.657 9	0.894 9	0.210 6

6.3.8　特征点匹配和图像拼接时间分析

为了验证 FSHR 算法在时间上的改进，分别使用参考文献 [67]、参考文献 [88]、参考文献 [94]、SIFT 算法、SURF 算法、提出的没有验证集的算法和提出的有验证集的算法对图 6.4（a）～（f）进行图像拼接，初匹配的结果如图 6.20 所示。由图 6.20 可知，提出的没有验证集的算法和提出的有验证集的算法具有最少的错误匹配数量，说明 FSHR 算法可以提取有效的特征点，并且所提出的描述子能够对特征点进行有效描述。参考文献 [88] 的方法具有相对较少的错误匹配，而其余算法有大量的错误匹配，说明其余算法提取的特征点有效性较低。通过 RANSAC 算法获得的正确的匹配结果如图 6.21 所示。由图 6.21 可知，参考文献 [67]、参考文献 [88]、参考文献 [94] 和 SIFT 算法匹配的特征点数量过大，表明这几个算法检测到的特征点的数量非常大。提出的没有验证集的算法和提出的有验证集的算法显著减少了匹配的特征点数量，这与提取的特征点数量极少有关。虽然提出的没有验证集的算法和提出的有验证集的算法的特征点匹配数量也显著减少，但与其他算法相比，FSHR 算法具有更高的正确匹配率。

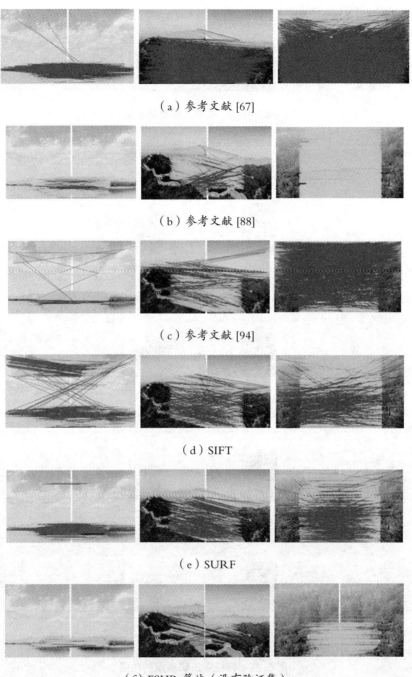

（a）参考文献 [67]

（b）参考文献 [88]

（c）参考文献 [94]

（d）SIFT

（e）SURF

（f）FSHR 算法（没有验证集）

图 6.20　特征点初匹配的结果

（g）FSHR 算法（有验证集）

图 6.20　（续）

（a）参考文献 [67]

（b）参考文献 [88]

（c）参考文献 [94]

（d）SIFT

图 6.21　特征点正确匹配的结果

（e）SURF

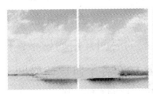

（f）FSHR 算法（没有验证集）

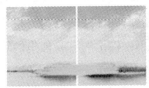

（g）FSHR 算法（有验证集）

图 6.21　（续）

　　对于图 6.4（a）～（f）的 3 对图像，使用上述 7 种算法计算阶段的时间开销，结果见表 6.3 所列。其中，参考文献 [94] 在特征点匹配阶段应用了 Census 和 NCC 算法，因此没有描述符生成的时间。由表 6.3 可以看出，传统的 SIFT 算法提取到的特征点数量巨大，这导致在 SIFT 算法的每个阶段都有大量的计算和时间成本。与传统的 SIFT 算法相比，参考文献 [67] 的方法具有相对较少的特征点数量，由于其描述子构造复杂，因此其描述子生成的时间成本明显更高，但其生成的描述符维度更小，显著降低了特征点匹配阶段的时间成本，并且总时间相对较短。参考文献 [88] 中的方法则由于描述符生成和特征匹配的时间成本相对较短，因此总时间相对较短。参考文献 [94] 中的方法具有较少的特征点数量和相对较快的总体速度，但总时间仍然很长。SURF 算法具有相对较少的特征点数量，并且由于其描述子的维度较小，因此匹配阶段所花费的时间较短。

本章提出的 FSHR 算法通过相位相关算法减少了图像非重叠区域的计算量，避免了不必要的时间。对于特征点提取，尽管增加了极值点检测的范围和 NMS，但由于特征点被限制在一个比较低的数量，因此提升了后续阶段的速度。本章使用相对较小的时间成本大大降低了后续描述子生成和匹配阶段的时间成本，并且 FSHR 算法的描述子的维度较小，因此在描述子生成和特征匹配方面的时间成本进一步降低。相比其他 5 种算法，提出的没有验证集的算法提取的特征点数量最少，并在各个阶段的时间开销均最小，比 SIFT 算法快 1 ～ 3 个数量级；提出的有验证集的算法在各个阶段的时间开销上也取得了良好的效果，显著优于其他 5 种算法，其时间也比 SIFT 算法快 1 ～ 3 个数量级。提出的没有验证集的算法和提出的有验证集的算法总时间接近，但相比于提出的没有验证集的算法，提出的有验证集的算法的特征点提取时间更短，这是因为其极值点检测的范围更小；提出的有验证集的算法的描述子生成时间更长，这是由于其描述子的计算范围更大。综上，提出的有验证集的算法和提出的没有验证集的算法都大大降低了高分辨率图像拼接的时间成本，使得高分辨率图像拼接的速度显著提升。

表 6.3　图像拼接时间对比

图像	算法	特征点数量	相位相关算法的时间/s	特征点提取的时间/s	描述子生成的时间/s	特征点匹配的时间/s	总时间/s
图 6.4（a）和（b）	参考文献[67]	6 487、8 667	—	5.87	3.70	6.73	16.30
	参考文献[88]	5 315、5 303	0.45	4.31	0.58	7.58	12.92
	参考文献[94]	21 181、21 138	—	4.84	—	328.86	333.70
	SIFT	19 242、15 475	—	7.13	1.81	53.45	62.39
	SURF	3 869、5 153	—	11.09	2.94	5.29	19.32
	FSHR 算法（没有验证集）	983、987	0.45	5.18	0.35	2.67	8.65
	FSHR 算法（有验证集）	983、987	0.45	4.62	0.45	2.64	8.16

续　表

图像	算法	特征点数量	相位相关算法的时间/s	特征点提取的时间/s	描述子生成的时间/s	特征点匹配的时间/s	总时间/s
图6.4（c）和（d）	参考文献[67]	64 731、44 490	—	12.87	31.56	208.35	252.78
	参考文献[88]	37 391、18 181	0.42	7.42	3.18	160.10	171.16
	参考文献[94]	18 808、14 153	—	5.40	—	281.15	286.55
	SIFT	97 070、71 842	—	14.03	8.04	1 697.12	1 719.19
	SURF	27 077、17 893	—	14.77	19.71	66.65	101.13
	FSHR算法（没有验证集）	1 003、996	0.42	4.35	0.44	2.89	7.68
	FSHR算法（有验证集）	1 003、996	0.42	3.94	0.52	2.83	7.29
图6.4（e）和（f）	参考文献[67]	68 582，77 995	—	13.34	36.64	378.66	428.64
	参考文献[88]	55 538，55 495	0.72	13.02	10.44	1 064.26	1 088.44
	参考文献[94]	31 318，31 791	—	6.57	—	941.93	948.50
	SIFT	144 612，160 476	—	18.28	14.92	4 763.00	4796.2
	SURF	35 889，39 745	—	19.70	28.16	210.42	258.28
	FSHR算法（没有验证集）	1 025，1 026	0.72	5.03	0.37	2.61	8.73
	FSHR算法（有验证集）	1 025，1 026	0.72	4.87	0.46	2.56	8.61

6.3.9　图像拼接质量分析

为了验证 FSHR 算法的图像拼接质量，使用上述的 7 种算法对图 6.4
（a）～（f）的 3 对图像进行图像拼接，其结果如图 6.22 所示。由图 6.22

可知，所有算法均完成了图像的拼接，且视觉上无显著的影响视觉观感的痕迹。为了进一步观察图像拼接的细节，将图像拼接的拼接处进行放大展示，其结果如图 6.23 ～图 6.25 所示。由图 6.23 ～图 6.25 可知，所有的算法均获得了良好的视觉观感效果，说明 FSHR 算法具有良好的拼接质量和视觉观感。

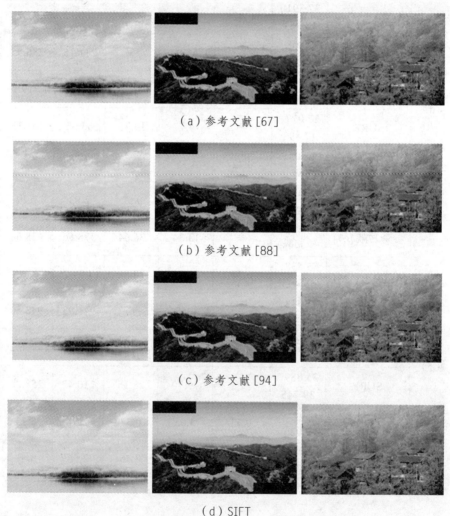

图 6.22　图像拼接结果

（e）SURF

（f）FSHR 算法（没有验证集）

（g）FSHR 算法（有验证集）

图 6.22　（续）

（a）图像拼接细节区域（方框区域）

图 6.23　图 6.4（a）和（b）的拼接细节

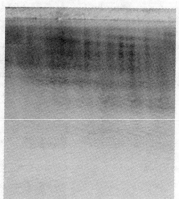

（b）参考文献［67］

（c）参考文献［88］

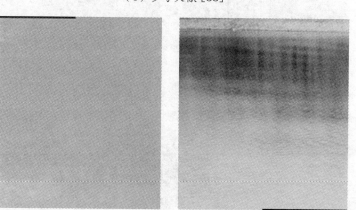

（d）参考文献［94］

图 6.23 （续）

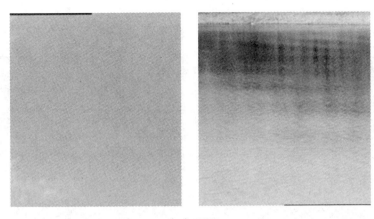

（e）SIFT

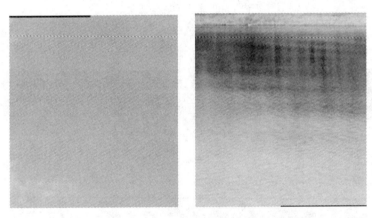

（f）SURF

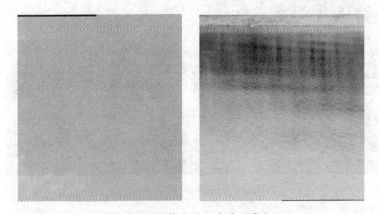

（g）FSHR算法（没有验证集）

图 6.23 （续）

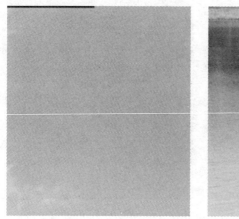

（h）FSHR 算法（有验证集）

图 6.23　（续）

（a）图像拼接细节区域（方框区域）

图 6.24　图 6.4（c）和（d）的拼接细节

（b）参考文献 [67]

（c）参考文献 [88]

（d）参考文献 [94]

图 6.24　（续）

（e）SIFT

（f）SURF

（g）FSHR算法（没有验证集）

图6.24 （续）

（h）FSHR算法（有验证集）

图6.24 （续）

（a）图像拼接细节区域（方框区域）

图6.25 图6.4（e）和（f）的拼接细节

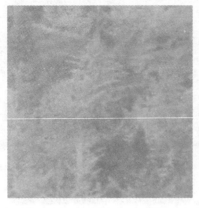

（b）参考文献 [67]

（c）参考文献 [88]

（d）参考文献 [94]

图 6.25 （续）

（e）SIFT

（f）SURF

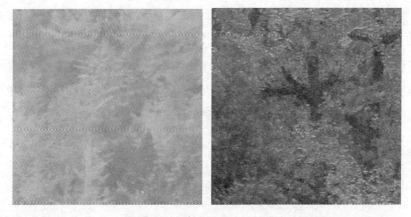

（g）FSHR算法（没有验证集）

图6.25　（续）

（h）FSHR 算法（有验证集）

图 6.25 （续）

此外，为了进一步验证 FSHR 算法的图像拼接质量，使用上述的 7 种方法对图 6.4（a）～（f）进行拼接，并计算其初匹配率、误匹配率、SSIM 和 PSNR，其结果见表 6.4 所列。由表 6.4 可知，在初匹配率方面，参考文献 [88] 获得了最好的效果，说明该算法提取的特征点的有效性和利用率最好；提出的有验证集的算法次之，提出的没有验证集的算法再次之，二者的差距较小，并且显著优于其余算法，说明 FSHR 算法提取的特征点具有较好的有效性和稳定性。在误匹配率方面，提出的有验证集的算法的表现最佳，提出的没有验证集的算法次之，说明 FSHR 算法的描述子具有良好的信息描述能力，能够对图像信息进行有效的描述，提出的描述子的可靠性较高。在 SSIM 和 PSNR 方面，参考文献 [94] 具有最好的效果，提出的没有验证集的算法、提出的有验证集的算法、参考文献 [67]、参考文献 [94]、SURF 和 SIFT 之间没有显著差异，说明特征点的增加对图像拼接的质量提升效果的影响较小。综上，提出的没有验证集的算法和提出的有验证集的算法提取的特征点有效性较高，稳定性较好，提出的描述子具有较好的图像信息描述能力，二者均具有良好的拼接质量。

表6.4 图像拼接质量对比

图像	算法	初匹配率	误匹配率	SSIM	PSNR
图6.4（a）和（b）	参考文献 [67]	72.87%，54.54%	23.360%	0.998 5	34.497 7
	参考文献 [88]	76.27%，76.42%	3.520%	0.964 8	35.439 6
	参考文献 [94]	7.72%，7.72%	2.700%	0.999 5	36.679 0
	SIFT	43.61%，54.22%	11.810%	0.998 6	34.009 7
	SURF	53.32%，40.03%	23.220%	0.981 5	29.988 8
	FSHR 算法（没有验证集）	72.02%，71.73%	4.500%	0.994 7	35.275 2
	FSHR 算法（有验证集）	70.70%，70.42%	3.100%	0.997 1	34.006 7
图6.4（c）和（d）	参考文献 [67]	33.09%，48.15%	59.260%	0.993 1	33.115 6
	参考文献 [88]	21.87%，44.99%	7.660%	0.993 7	34.935 8
	参考文献 [94]	26.58%，35.32%	18.340%	0.998 2	35.928 9
	SIFT	21.85%，29.52%	14.190%	0.993 3	34.504 2
	SURF	22.39%，33.89%	20.520%	0.994 3	34.411 2
	FSHR 算法（没有验证集）	35.19%，35.44%	12.720%	0.993 7	33.815 9
	FSHR 算法（有验证集）	35.59%，35.84%	10.530%	0.993 7	33.892 1
图6.4（e）和（f）	参考文献 [67]	76.40%，67.18%	12.840%	0.999 4	44.450 5
	参考文献 [88]	99.30%，99.37%	0.007%	0.999 4	44.450 5
	参考文献 [94]	57.87%，57.01%	5.220%	0.999 8	48.448 5
	SIFT	66.88%，60.27%	2.540%	0.999 4	44.450 5
	SURF	66.36%，59.93%	1.900%	0.999 4	44.450 1
	FSHR 算法（没有验证集）	74.73%，74.66%	0.000%	0.999 4	44.450 0
	FSHR 算法（有验证集）	74.82%，74.75%	1.300%	0.999 4	44.449 9

6.3.10 算法性能测试

为了进一步对算法的综合性能进行全面测试，本章在测试集上使用上述的 7 种算法进行图像拼接，并分析了算法的错误拼接图像数量、误匹配率、SSIM、PSNR 和时间，其结果见表 6.5～表 6.7 所列。在表 6.5～表 6.7 中，错误拼接的图像不参与后面参数的计算。由表 6.5～表 6.7 可知，

191

在错误拼接数量方面,在数据集 1 中提出的没有验证集的算法的数量最少,在数据集 2 中参考文献 [88] 的数量最少,在数据集 3 中参考文献 [94] 和 SURF 算法的数量最少。综合三个数据集来看,参考文献 [88]、SIFT 算法和提出的没有验证集的算法的表现最好,说明这三种算法具有较好的性能和鲁棒性。在误匹配率方面,在数据集 1 和数据集 2 上,提出的没有验证集的算法具有最好的表现;在数据集 3 上,参考文献 [88] 的表现最好,但与提出的没有验证集的算法差距不大。综合三个数据集的结果,提出的没有验证集的算法具有最好的性能,并且处理不同图像时波动较小,算法稳定性较好,说明 FSHR 算法能够有效地提取特征点,提取的特征点具有良好的稳定性,并且提出的描述子也具有较好的图像信息的描述能力。在 SSIM 和 PSNR 方面,在数据集 1 中,参考文献 [67] 具有最好的平均值,而提出的有验证集的算法具有最低的标准差,但二者的标准差差距较小;在数据集 2 和数据集 3 中,参考文献 [94] 具有最好的平均值和最低的标准差。综合三个数据集可知,参考文献 [94] 具有最好的拼接质量,然而其错误拼接的数量较多,说明参考文献 [94] 的鲁棒性一般,但其具有较好的拼接质量。提出的没有验证集的算法和提出的有验证集的算法与其余算法的差距较小,说明 FSHR 算法具有良好的拼接质量。在时间的平均值方面,提出的没有验证集的算法和提出的有验证集的算法明显优于其他 5 种算法,其中提出的没有验证集的算法的平均时间(9.64 s、13.46 s 和 15.81 s)分别为 SIFT 算法的 0.87%、0.43% 和 0.10%,总体速度比 SIFT 算法快 2 ～ 3 个数量级;提出的有验证集的算法的平均时间(14.41 s、18.81 s 和 22.63 s)分别为 SIFT 算法的 1.30%、0.60% 和 0.15%,总体速度同样比 SIFT 算法快 2 ～ 3 个数量级。在时间的标准差方面,提出的没有验证集的算法具有最小的标准差,提出的有验证集的算法次之,说明二者在处理不同的图像时波动较小,算法的稳定性较高。

相比提出的没有验证集的算法,提出的有验证集的算法在 SSIM 和 PSNR 方面表现更好,但在误匹配率和时间方面表现较差。由于提出的有验证集的算法提取的特征点的极值点检测范围更小,因此提取的特征点稳定性较差，从而导致误匹配率较高。此外，提出的有验证集的算法的描述子的计算范围更大，因此其时间成本更高。

综上所述，在时间成本和误匹配率方面，提出的没有验证集的算法具有更好的性能；而在 SSIM 和 PSNR 方面，提出的有验证集的算法具有更好的性能。两种方法都实现了快速拼接，且都有良好的拼接质量，这表明 FSHR 算法是可行的，在高分辨率图像加速拼接领域具有一定的应用价值。

表 6.5 在数据集 1 上的算法对比

算法	错误拼接的图像数量	误匹配率		SSIM		PSNR		时间/s	
		平均值	标准差	平均值	标准差	平均值	标准差	平均值	标准差
参考文献 [67]	20	0.313 1	0.209 3	0.978 2	0.060 2	40.425 2	13.286 7	167.02	231.93
参考文献 [88]	8	0.127 7	0.207 1	0.945 9	0.102 6	36.188 5	14.791 3	240.21	409.75
参考文献 [94]	7	0.249 3	0.227 5	0.963 8	0.089 5	40.093 3	15.063 4	281.68	205.61
SIFT	6	0.221 1	0.233 4	0.944 9	0.103 5	36.001 4	15.027 7	1 110.38	1 320.58
SURF	9	0.233 1	0.254 6	0.954 4	0.082 6	36.950 1	15.099 6	117.42	129.37
提出的算法（没有验证集）	4	0.098 2	0.173 0	0.956 6	0.082 4	36.187 8	12.883 5	9.64	2.26
提出的算法（有验证集）	5	0.147 1	0.210 1	0.962 4	0.070 0	36.531 3	12.275 5	14.41	4.59

表 6.6 在数据集 2 上的算法对比

算法	错误拼接的图像数量	误匹配率		SSIM		PSNR		时间/s	
		平均值	标准差	平均值	标准差	平均值	标准差	平均值	标准差
参考文献 [67]	11	0.464 6	0.331 9	0.894 9	0.116 0	30.280 9	14.925 9	198.70	184.12
参考文献 [88]	3	0.432 7	0.382 0	0.853 9	0.159 4	29.725 8	15.753 0	830.05	1 160.46
参考文献 [94]	9	0.479 6	0.384 8	0.951 9	0.063 3	35.703 6	15.043 7	3 122.22	2 896.11

续　表

算法	错误拼接的图像数量	误匹配率		SSIM		PSNR		时间/s	
		平均值	标准差	平均值	标准差	平均值	标准差	平均值	标准差
SIFT	6	0.459 5	0.382 4	0.882 3	0.130 0	30.872 2	15.706 5	3 151.13	2 932.14
SURF	6	0.483 4	0.391 5	0.882 4	0.128 1	30.626 0	15.050 6	250.95	237.29
提出的算法（没有验证集）	7	0.340 1	0.335 0	0.879 6	0.130 7	30.889 5	14.928 7	13.46	2.97
提出的算法（有验证集）	9	0.385 8	0.381 3	0.891 9	0.122 4	31.190 4	15.240 0	18.81	5.64

表 6.7　在数据集 3 上的算法对比

算法	错误拼接的图像数量	误匹配率		SSIM		PSNR		时间/s	
		平均值	标准差	平均值	标准差	平均值	标准差	平均值	标准差
参考文献 [67]	1	0.386 7	0.164 3	0.976 8	0.004 9	42.172 2	12.607 7	767.40	782.60
参考文献 [88]	2	0.042 6	0.042 8	0.996 8	0.005 0	43.333 1	11.603 5	1 255.05	1 664.70
参考文献 [94]	0	0.118 6	0.108 3	0.999 1	0.000 9	48.695 1	11.627 6	2 728.34	941.26
SIFT	1	0.116 3	0.048 1	0.997 0	0.004 9	42.656 8	11.193 1	15 212.28	6 465.62
SURF	0	0.083 5	0.048 1	0.997 1	0.004 9	42.621 6	12.253 3	394.16	439.83
提出的算法（没有验证集）	2	0.059 9	0.097 2	0.997 0	0.004 9	42.568 8	12.543 2	15.81	2.27
提出的算法（有验证集）	2	0.128 9	0.174 5	0.997 1	0.004 9	42.677 6	12.519 1	22.63	3.25

6.4　结论

　　针对高分辨率图像拼接计算复杂度巨大的问题，本章提出了一种基于 SIFT 的高分辨率图像快速拼接算法。在预处理阶段，通过相位相关算法计算图像的重叠区域，以减少非重叠区域的不必要计算；在特征点提取阶段，对特征点在 DOG 中的数量分别进行了公式推导，并限制了提取的特征点数量，同时扩大了极值点的检测范围并增加了 NMS，以提升特征点的稳定性和空间分布；在描述子生成阶段，采用奇偶校验的降采样的方法获得描述子计算的范围，并构造了一个维度仅为 56 的圆形描述子。实验结果表明，FSHR 算法能够提取更为有效和稳定且空间分布更好的特征点，提出的描述子具有较好的图像信息的描述能力和较小的维度，使得算法的特征点匹配阶段的时间成本较低。FSHR 算法平均计算时间（9.64 s、13.46 s 和 15.81 s）仅为 SIFT 算法的 0.87%、0.43% 和 0.10%，总体速度比 SIFT 算法快 2 ～ 3 个数量级，因此 FSHR 算法大大降低了图像拼接的时间成本，并且具有良好的图像拼接质量。应用 FSHR 算法对高分辨率图像进行拼接，获得了良好的拼接质量和良好的性能。实验还证明 FSHR 算法在实时图像拼接中具有潜在的应用价值，特别是在降低时间成本方面。然而，FSHR 算法在图像拼接质量方面的结果并不理想，尤其是在处理无人机图像数据时。因此，未来将研究图像拼接质量的提高过程，一方面尝试提取更稳定的特征点，另一方面尝试提高描述子处理图像时复杂变换的能力。

第 7 章　基于纹理分类的特征点提取和匹配算法

7.1　概述

当前对于图像拼接效率的改进的研究取得了较好的进展，然而对于图像拼接质量的研究却相对较少，这得益于 SIFT 算法本身就具有良好的拼接质量，但 SIFT 算法处理一些图像时仍存在一定的缺陷。因此，一些研究人员对图像拼接的质量进行了研究。Laraqui 等人和 Yan 等人通过图像预处理提高了图像拼接的质量 [79-80]。Chang 等人通过设计一种新的匹配方法，提高了图像拼接的质量 [7]。Ma 等人通过结合梯度定义方法和关键点信息，增强了特征点的匹配 [6]。Wu 等人提出了一种快速抽样一致性算法（fast sample consensus, FSC），提高了匹配的准确性 [28]。Gong 等人提出了鲁棒邻域结构不变描述符，并设计了动态匹配策略 [83]。王一等人在对图像进行预处理的基础上，构造了一种强描述性的二进制描述子，并使用 Vicinity-KNN 算法和自适应局部仿射匹配算法进行特征点匹配，提升了图像拼接的质量 [95]。杨毅等人使用迭代更新的方法优化单应性矩阵，从而提高了拼接的质量 [96]。张喜民等人通过几何约束的方法限制了随机抽样一致性算法，使得特征点的匹配更为准确 [97]。Chen 等人通过最大相似性获得了一致特征点集，计算了新的对准参数，校正了当前图像，得到了更好的拼接质量 [98]。Qiu 等人通过 FAST 和 SIFT 检测和描述特征点，并使用自适应阈值的快速最近邻（fast library for approximate nearest neighbors, FLANN）和改进的随机抽样一致性（random sample consensus, RANSAC）算法进行特征点匹配，提高了匹配的精度 [99]。Zhang 等人通过两次特征提取的方法，提高了图像的成像质量 [100]。Hossein-Nejad 等人设计了一种随机抽样一致（RANSAC）算法进行消除错误匹配，并基于高斯混合方法进行融合，使图像质量和视觉观感得以提高 [101]。

虽然众多的研究人员从多个方面对图像的拼接质量进行了改进，但对于特征点分布均匀性的研究尚不多见。在应用 SIFT 算法提取特征点时，发现特征点集中于纹理较强的区域，而纹理较弱的区域通常只有少量的特征点，甚至没有特征点。当图像中的纹理较强的区域较少时，图像的拼接效果往往不够理想。因此，如何从弱纹理区域提取特征点，并平衡特征点在图像中的分布显得尤为重要。此外，SIFT 算法通常通过 RANSAC 去除错误匹配，但当匹配的结果中误匹配较多时，其效果往往不理想。本章提出了基于纹理分类的特征点提取和匹配算法，主要工作如下：①在预处理阶段，通过纹理分类方法对图像进行分类，将图像分为弱纹理区域、中等纹理区域和强纹理区域；②对不同的纹理区域进行不同的阈值设置，以提取到空间分布合适的特征点；③在特征点匹配阶段，提出了基于相似度一致性的特征点匹配算法，有效地提升了图像拼接的质量。

7.2 SIFT 算法存在的问题

SIFT 算法提取的特征点通常聚集于纹理较强的区域，而纹理较弱的区域往往难以提取有效的特征点，图 7.1 的图像特征点提取和匹配的结果如图 7.2 和图 7.3 所示。由图 7.2 可知，SIFT 算法提取的特征点数量较少，且图像的特征点聚集于纹理复杂的区域，纹理较弱的区域没有特征点，特征点在图像中分布不均匀。由图 7.3 可知，图像中匹配的特征点数量较少，并且匹配的特征点集中于一个区域，这不利于图像的拼接，将会影响图像的拼接质量。匹配的特征点应均匀分布于图像中，而不是聚集于某一区域，因此对于纹理较弱的图像来说，如何提取均匀分布的特征点是提升图像拼接质量的关键。

（a）海岸图像 1　　　　　　　　　（b）海岸图像 2

图 7.1　图像特征点提取和匹配

（a）海岸图像 1　　　　　　　　　（b）海岸图像 2

图 7.2　特征点提取的结果

图 7.3　特征点匹配的结果

7.3　FEMTC 算法

7.3.1　提出算法的流程

针对 SIFT 算法提取特征点分布不均匀的问题，本章提出了基于纹理分类的特征点提取和匹配算法（FEMTC 算法），其算法流程如图 7.4 所示。由图 7.4 可知，FEMTC 算法首先将图像分割为 5 像素 × 5 像素大小的子块，并统计子块的灰度直方图峰的个数 V。然后根据 V 的大小将图像分为平坦区域、弱纹理区域、中等纹理区域和强纹理区域。其中，平坦区域灰度值单一，不能进行特征点的提取，故该区域不进行特征点提取，对其余的三个区域分别进行阈值的设置，以进行特征点的提取和描述子生成。其次，使用 NNDR 和基于相似度一致性的特征点匹配方法对特征点进行匹配，以提高特征匹配的准确性。最后，根据特征点匹配的结果计算投影变换矩阵，并根据投影变换矩阵完成图像的融合。

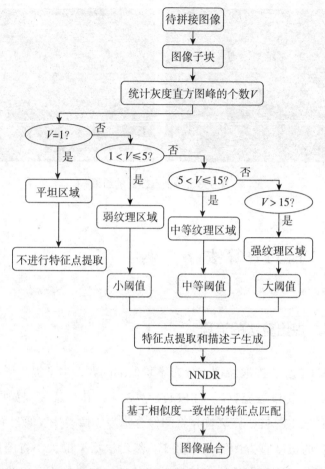

图 7.4　基于纹理分类的特征点提取和匹配算法的流程

7.3.2　图像纹理分类和多阈值设置

　　前面已经提到了三种纹理分类的算法，由于第 2 章的 5 像素 ×5 像素的纹理分类更加精细且分类效果较好，因此选取第 2 章的纹理分类方法逐一进行子块的纹理分类（不跳跃纹理分类），将图像分为平坦区域、弱纹理区域、中等纹理区域、强纹理区域。

　　纹理分类之后，平坦区域只有单一的灰度值。根据 SIFT 算法的原理可知，平坦区域不能进行空间极值点的检测，因此该区域不进行检测。弱纹理区域的纹理较弱，但为了使图像特征点分布更合理，还需要提升该部分提取的特征点数量，因此使用小阈值对该部分进行特征点提取。中等纹理区域的纹理相对复杂，存在较多的可提取特征点，为了平衡图像的特征点分布，该区域使用中等阈值进行特征点提取。强纹理区域的纹理最为复杂，可提取的特征点数量巨大，为了平衡特征点数量，该区域使用大阈值进行特征点提取。关于阈值的设置将在7.4.2节进行分析，此处不再赘述。

在空间极值点检测的过程中，将先检测当前的点所属的纹理区域，然后进行阈值的设置，由于高斯差分金字塔不同的组存在尺度缩放，因此根据纹理分类的图像建立纹理金字塔，图7.1（a）对应的纹理金字塔如图7.5所示。在图7.5中，纹理金字塔中的第一组的图像为图7.1（a）纹理分类后的结果，颜色由暗到亮依次是平坦区域、弱纹理区域、中等纹理区域和强纹理区域，后一组图像通过前一组图像降采样得到，后一组图像的尺寸为前一组图像的1/2。

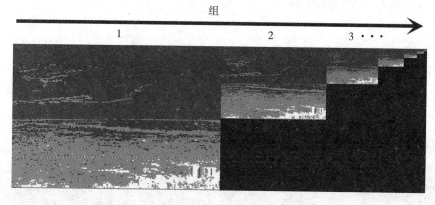

图7.5　纹理金字塔

7.3.3　基于相似度一致性的特征点匹配算法

根据RANSAC原理可知，如果匹配的结果中存在较多的错误匹配，则RANSAC算法无法正确地计算投影变换矩阵。本章提出了基于相似度一致性的特征点匹配算法，算法步骤如下所示：①在NNDR计算的结果中随机选取 n（本章设置为4），对匹配的特征点对计算投影变换矩阵；②计算所有匹配的特征点对中满足当前投影变换矩阵的特征点对，并更新投影变换矩阵；③根据当前的投影变换矩阵进行图像变换，并使用 NCC 算法计算相似度 $N(i)$；④重复步骤①～③，直到达到设置的循环次数为止。循环结束后，寻找 $N(i)$ 中的最大值和对应的投影变换矩阵，并输出该投影变换矩阵。

基于相似度一致性的特征点匹配算法使用 SSIM 替换了 RANSAC 内点集的方法，当匹配结果中存在较多误匹配时，该算法能够正确地完成图像的拼接。

7.4　实验结果与分析

7.4.1　实验数据集

本次实验的运行环境是 CPU 为 inter® CORE™ i7–12700F CPU @ 2.10 GHz、内存为 16 GB RAM 的 64 位 Windows 11 操作系统。Panorama 数据集包含沙滩、海岸、城市、山脉、室内、建筑等多种场景，且图像中存在多种纹理分布，能够比较全面地对算法性能进行有效评估。因此，本书使用全景数据集进行实验，部分数据集图像如图 7.6 所示。

（a）海岸图像 1　　　　　　　　　　　（b）海岸图像 2

图 7.6　Panorama 数据集的部分图像

（c）海岛图像 1

（d）海岛图像 2

（e）房屋图像 1

（f）房屋图像 2

图 7.6　（续）

7.4.2　多阈值设置分析

为了获得弱纹理区域的阈值，以图 7.6（a）为例，设置不同弱纹理区域的阈值，对弱纹理区域进行特征点提取，结果如图 7.7 所示。由图 7.7 可知，当弱纹理区域的阈值为 0.001 时，其提取的特征点数量巨大，且在图像中密集分布。随着弱纹理区域的阈值的增大，其提取的特征点数量逐渐减少。当阈值为 0.004 时，提取的特征点在图像中分布较好，且此时的特征点数量较为合适。因此，本章将弱纹理区域的阈值设置为 0.004。

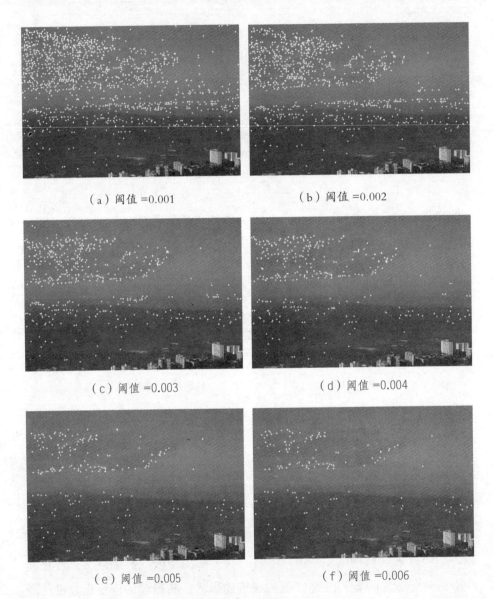

（a）阈值 =0.001　　　　　　　　　（b）阈值 =0.002

（c）阈值 =0.003　　　　　　　　　（d）阈值 =0.004

（e）阈值 =0.005　　　　　　　　　（f）阈值 =0.006

图 7.7　弱纹理区域提取的特征点

为了获得中等纹理区域的阈值，以图 7.6（a）为例，设置不同中等纹理区域的阈值，对中等纹理区域进行特征点提取，结果如图 7.8 所示。由图 7.8 可知，当阈值为 0.030（SIFT 算法的阈值）时，该区域提取的特征点数量极少，不利于图像的拼接。当阈值为 0.005 和 0.010 时，其提取的特征点相对较多，且在图像中分布较为密集。当阈值为 0.015 时，其提取的特征点数量较为合适，且在图像中分布较好。因此，本书将中等纹理区域的阈值设置为 0.015。

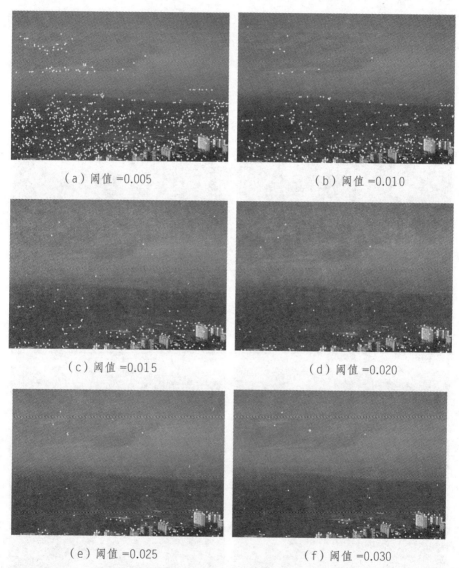

（a）阈值 =0.005

（b）阈值 =0.010

（c）阈值 =0.015

（d）阈值 =0.020

（e）阈值 =0.025

（f）阈值 =0.030

图 7.8　中等纹理区域提取的特征点

为了获得强纹理区域的阈值，以图 7.6（e）为例 [因图 7.6（a）的强纹理区域较少，不利于观察，而图 7.6（e）的强纹理区域较多]，设置不同强纹理区域的阈值，对强纹理区域进行特征点提取，结果如图 7.9 所示。由图 7.9 可知，当阈值为 0.03（SIFT 算法的阈值）时，该区域提取的特征点数量较多，且在图像中分布密集。随着阈值的增大，提取的特征点数量逐渐降低。当阈值为 0.07 时，其提取的特征点分布较好，且数量适中。因此，本章将强纹理区域的阈值设置为 0.07。

（a）阈值 =0.03   （b）阈值 =0.04

（c）阈值 =0.05   （d）阈值 =0.06

（e）阈值 =0.07   （f）阈值 =0.08

图 7.9　强纹理区域提取的特征点

7.4.3　纹理分类结果分析

为了验证使用的纹理分类算法在 Panorama 数据集上的有效性，本章对图 7.6 的图像进行纹理分类。纹理分类的结果和各个纹理区域占比如图 7.10 和图 7.11 所示。在图 7.10 中，颜色由暗到亮依次是平坦区域、弱纹理区域、一般纹理区域和强纹理区域。由图 7.10 和图 7.11 可知，图像中弱纹理区域和一般纹理区域占有较大的比重，平坦区域占有极小的比重，纹理分类后的区域与原始图像的纹理变化对应，说明纹理分类的方法较为准确，分类效果较好。

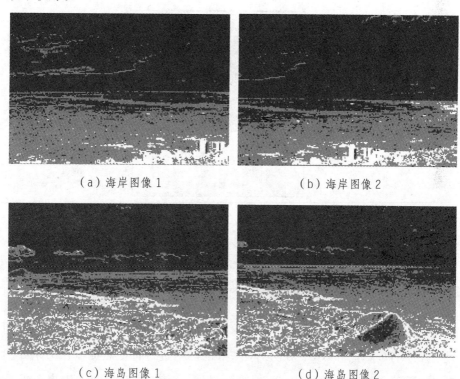

（a）海岸图像 1　　　　　　　　　　（b）海岸图像 2

（c）海岛图像 1　　　　　　　　　　（d）海岛图像 2

图 7.10　纹理分类的结果

（e）房屋图像1　　　　　　　　　　（f）房屋图像2

图 7.10　（续）

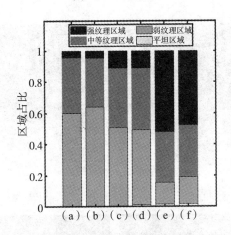

图 7.11　各个纹理区域占比

7.4.4　基于纹理分类的多阈值特征点提取分析

为了验证提出的基于纹理分类的多阈值特征点提取方法的效果，分别使用 FEMTC 算法和 SIFT 算法对图 7.6 的图像进行特征点提取，结果如图 7.12 所示。由图 7.12 可知，SIFT 算法在第一幅和第二幅图像中提取的特征点极小，但仅仅分布于图像纹理复杂的区域；在第三幅和第四幅图像中提取的特征点较多，但也仅仅分布于图像纹理复杂的区域；在第五幅和第六幅图像中提取的特征点数量巨大，由于这两幅图像纹理复杂的区域较多，因此特征点在图像中分布较为均匀。FEMTC 算法在第一幅到第四幅图像中提取的特征点较多，并且在图像中分布均匀；在第五幅和第六幅图像中提取的数量相对较少，但在图像中分布得更加均匀。综上可知，FEMTC算法能够增加弱纹理区域和中等纹理区域的特征点，减少强纹理区域的特征点数量，有效地提升特征点的空间分布。

（a）SIFT算法1　　　　　　　　（b）FEMTC算法1

（c）SIFT算法2　　　　　　　　（d）FEMTC算法2

（e）SIFT算法3　　　　　　　　（f）FEMTC算法3

图7.12　特征点提取的结果

（g）SIFT 算法 4　　　　　　　　　　（h）FEMTC 算法 4

（i）SIFT 算法 5　　　　　　　　　　（g）FEMTC 算法 5

（k）SIFT 算法 6　　　　　　　　　　（c）FEMTC 算法 6

图 7.12　（续）

为了进一步验证提出的基于纹理分类的多阈值特征点提取方法的效果，在全景数据集上分别使用 SIFT 算法和 FEMTC 算法进行特征点提取和描述子生成，使用 NNDR 和 RANSAC 算法进行特征点匹配，并计算图像拼接的特征点数量、匹配率、重叠区域的 SSIM 和 PSNR，结果见表 7.1 所列。

表 7.1 特征点提取方法对比

算法	提取的特征点数量		匹配率		SSIM		PSNR	
	平均值	标准差	平均值	标准差	平均值	标准差	平均值	标准差
SIFT	2 292.85	1 252.18	0.334 3	0.163 5	0.810 7	0.219 1	22.410 8	7.533 0
FEMTC 算法	2 085.92	861.71	0.216 0	0.139 7	0.840 8	0.130 1	22.549 5	4.512 4

由表 7.1 可知，在提取的特征点数量方面，相比于 SIFT 算法，FEMTC 算法提取的特征点数量相对更少，降低了强纹理区域的特征点数量，导致特征点的数量整体更少；FEMTC 算法的标准差也更小，说明 FEMTC 算法处理不同的图像时，提取的特征点更为稳定，能够有效地提升弱纹理区域和中等纹理区域的特征点，减少了强纹理区域的特征点，从而使得不同的图像提取的特征点波动较小。在特征点匹配率方面，FEMTC 算法的匹配率更低，这是因为 FEMTC 算法减少了强纹理区域的特征点，而强纹理区域的特征点有效匹配的可能性更高。在 SSIM 和 PSNR 方面，FEMTC 算法显著优于 SIFT 算法，说明 FEMTC 算法能够有效地提高图像的拼接质量，并且提取的特征点分布更好。综上，FEMTC 算法能够增加弱纹理区域和一般纹理区域的特征点数量，平衡特征点的空间分布，而空间分布更好的特征点能够有效地提高图像的拼接质量。

7.4.5 基于相似度一致性的特征点匹配算法分析

为了验证提出的基于相似度一致性的特征点匹配算法的效果，先在全景数据集上使用 FEMTC 算法进行特征点提取，然后使用 SIFT 和 NNDR 算法进行描述子生成和特征点初匹配，最后分别使用 RANSAC 算法和 FEMTC 算法进行特征点匹配，计算特征点的匹配率、重叠区域的 SSIM 和 PSNR，结果见表 7.2 所列。由表 7.2 可知，在匹配率方面，FEMTC 算法具有较好的平均值，而 RANSAC 算法具有更低的标准差，二者的平均值和标准差的差距较小，FEMTC 算法和 RANSAC 算法匹配的特征点数量接近。在 SSIM 和 PSNR 方面，FEMTC 算法具有更好的表现，说明 FEMTC 算法能够准确地提取正确匹配的特征点，以提升图像的拼接质量。

表 7.2　特征点匹配方法对比

算法	匹配率		SSIM		PSNR	
	平均值	标准差	平均值	标准差	平均值	标准差
RANSAC	0.216 0	0.139 7	0.840 8	0.130 1	22.549 5	4.512 4
FEMTC 算法	0.217 0	0.146 8	0.870 1	0.093 5	23.124 2	4.351 8

7.4.6　图像拼接质量分析

为了验证 FEMTC 算法对图像拼接质量的提升效果，分别使用 SIFT 算法和 FEMTC 算法对图 7.6 的图像进行图像拼接，其特征点匹配的结果和图像拼接的结果如图 7.13 和图 7.14 所示，其特征点数量、匹配率、重叠区域的 SSIM 和 PSNR 见表 7.3 所列。由图 7.13 可知，在第一对和第二对图像中，SIFT 算法匹配的特征点集中于图像下半部的纹理复杂区域，纹理较弱的区域无特征点匹配；在第三对图像中，SIFT 算法匹配的特征点分布得较为均匀，这是因为第三对图像的大部分区域的纹理较为复杂。在第一对和第二对图像中，FEMTC 算法匹配的特征点在图像中均匀分布，且增加了弱纹理区域匹配的特征点。结合图 7.12 可知，FEMTC 算法提取的特征点分布得均匀，匹配的特征点的空间分布得更好。由图 7.14 可知，SIFT 算法错误地拼接了第一对图像，而 FEMTC 算法准确地完成了三对图像的拼接，并且视觉观感更好。由表 7.3 可知，在特征点提取方面，FEMTC 算法提取的特征点数量更合理；在匹配率方面，FEMTC 算法匹配率更低，这是因为 FEMTC 算法降低了强纹理区域的特征点数量；在 SSIM 和 PSNR 方面，FEMTC 算法表现更好，说明 FEMTC 算法有效地提高了图像的拼接质量。综上可知，FEMTC 算法通过基于纹理分类的多阈值设置方法有效地提升了特征点的分布，并且分布得更好的特征点能够有效地提高图像的拼接质量和视觉观感。

（a）SIFT 算法 1

（b）FEMTC 算法 1

（c）SIFT 算法 2

图 7.13 特征点匹配结果

（d）FEMTC 算法 2

（e）SIFT 算法 3

（f）FEMTC 算法 3

图 7.13 （续）

（a）SIFT 算法 1

（b）FEMTC 算法 1

（c）SIFT 算法 2

图 7.14 图像拼接结果

（d）FEMTC 算法 2

（e）SIFT 算法 3

（f）FEMTC 算法 3

图 7.14 （续）

表 7.3　图像拼接质量对比

图像	算法	特征点数量	匹配率	SSIM	PSNR
图 7.6（a）和（b）	SIFT 算法	348、343	0.189 7、0.192 4	0.852 4	23.012 1
	FEMTC 算法	986、723	0.093 3、0.127 2	0.949 0	26.587 5
图 7.6（c）和（d）	SIFT 算法	919、807	0.398 3、0.453 5	0.961 8	29.424 4
	FEMTC 算法	1 706、1 466	0.240 3、0.279 7	0.965 1	29.634 4
图 7.6（c）和（d）	SIFT 算法	3 464、3 578	0.153 9、0.149 0	0.733 8	16.857 5
	FEMTC 算法	3 271、3 583	0.183 7、0.167 7	0.766 3	17.927 3

为了进一步验证 FEMTC 算法的有效性，在全景数据集上分别使用 SIFT 算法和 FEMTC 算法进行图像拼接，并计算重叠区域的 PSNR 和 SSIM，结果见表 7.4 所列。由表 7.4 可知，在 SSIM 方面，FEMTC 算法具有更大的平均值，比 SIFT 算法提升了 7.32%，说明 FEMTC 算法在数据集上的拼接质量更好。此外，FEMTC 算法还具有更小的标准差，说明 FEMTC 算法处理不同图像时波动较小，算法的稳定性较好。在 PSNR 方面，FEMTC 算法表现更好，说明 FEMTC 算法具备更好的拼接质量。综上可知，FEMTC 算法能够有效地提高图像的拼接质量，并且 FEMTC 算法具有更好的稳定性。因此，FEMTC 算法在对图像拼接质量有较高要求的领域有一定的应用价值。

表 7.4　在 Panorama 数据集上图像拼接质量对比

算法	SSIM		PSNR	
	平均值	标准差	平均值	标准差
SIFT 算法	0.810 7	0.219 1	22.410 8	7.533 0
FEMTC 算法	0.870 1	0.093 5	23.124 2	4.351 8

7.5　结论

　　针对 SIFT 算法提取特征点分布不均匀的问题，本章提出了基于纹理分类的特征点提取和匹配算法。在预处理阶段，算法首先使用子块纹理分类方法对图像进行纹理分类；其次对每个纹理区域分别进行阈值的设置，以平衡特征点的分布；最后进行特征点提取，并在特征点匹配阶段提出基于相似度一致性的特征点匹配算法，以提升特征点匹配的准确性。实验结果表明，FEMTC 算法能够增加弱纹理区域和中等纹理区域的特征点数量，减少强纹理区域的特征点数量，提取的特征点分布得更加合理，并且增加了弱纹理区域和中等纹理区域匹配的特征点；提出的基于相似度一致性的特征点匹配算法能够对特征点进行更准确的匹配，提高图像的拼接质量；相比于 SIFT 算法，FEMTC 算法的图像拼接质量得到了有效提高。因此，FEMTC 算法在对图像拼接有较高要求的领域有一定的应用价值。虽然本章对 SIFT 算法的拼接质量进行了研究，但并未结合一些科研领域的图像进行研究，因此在下一步的工作中，应结合具体的科研领域进行图像拼接的研究。

第 8 章 基于改进的 Harris 和二次 NCC 的量子图像拼接算法

8.1 概述

在低维半导体表面形貌的研究过程中，原子力显微镜（atomic force microscope，AFM）和扫描隧道显微镜（scanning tunnel microscope, STM）为常见的表面形貌表征手段 [102-103]。使用 STM 和 AFM 对低维半导体表面形貌进行研究时，为了获得更加细微的形貌信息往往需要较小的尺寸进行扫描，但为了得到低维半导体表面的整体趋势却需要较大的尺寸进行扫描，这必然会导致细微形貌信息的丢失。为了保留细微的形貌信息，同时得到整体的趋势，我们一般采用图像拼接方法。

在众多的基于特征配准方法中，Harris 算子在稳定性和简便性等方面具有明显的优势，因此成为当前研究的一个热点。但 Harris 算法存在两方面局限，即对尺度的敏感性和需要人为设定阈值。为了改进 Harris 算法对尺度的敏感性，许佳佳通过构建高斯尺度空间，提取了具有尺度不变性的角点特征 [103]；为了实现 Harris 算法对阈值的自适应性，冯宇平等人采用阈值排序的方法寻找局部区域最佳阈值，并将此阈值作为全局的阈值进行角点检测 [104]；邹志远等人对阈值下限进行图像分块，并通过加权的方法得到了图像的总阈值[105]；周志艳等人首先使用 Harris 算法检测角点，然后使用标准化的图像灰度值标准差对角点进行筛选，从而避免了阈值设置不合理带来的不良影响[106]；尚明姝等人使用尺度空间优化 Harris 提取特征点稳定性，并使用 32 维度的 SIFT 算法描述子进行描述子生成，最后使用相似三角形法和改进的 K-means 算法优化特征点匹配[107]。

图像拼接方法被广泛地应用于各个领域，但其在量子图像领域的研究尚不多见。因此，本章针对低维半导体表面形貌表征过程中难以获得视野大、分辨率高图像的问题选取 Harris 算法进行研究。考虑到 Harris 算法直接应用于量子图像会存在阈值自适应差和局部相似度大导致的误匹配率高的问题，本章提出了基于改进的 Harris 和二次 NCC 的量子图像拼接算法。首先，在角点提取前，本章通过二值化和阈值下降统计量子点或量子环的数量。其次，本章分析了算法阈值与量子点或量子环数量的关系，以进行阈值的设置，得到了合适的阈值和角点数量。再次，在匹配阶段，本章使用二次 NCC 的匹配方法，有效地降低了误匹配率，且获得了较快的速度。最后，本章根据角点匹配的结果计算投影变化矩阵，进行图像融合，以完成图像的拼接。

8.2　QISAHN 算法

基于改进的 Harris 和二次 NCC 的量子图像拼接算法（QISAHN 算法）的图像拼接流程如图 8.1 所示，算法分为以下几个步骤：第一步，对图像的量子点或量子环的数量进行统计，并根据其数量设置 Harris 角点检测的阈值；第二步，根据前一步的阈值进行 Harris 角点检测；第三步，对于检测得到的角点，先使用较小窗口的 NCC 算法进行角点匹配，再在小窗口匹配的角点的基础上使用较大窗口的 NCC 算法进行第二次角点匹配，以降低误匹配率；第四步，使用 RANSAC 算法去除错误匹配，得到精匹配的结果；第五步，根据匹配结果完成的角点计算投影变换矩阵，确定图像之间的对应关系，并进行图像融合，完成图像的拼接。

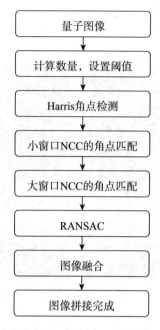

图 8.1　基于 Harris 和 NCC 算法的量子图像拼接流程图

8.3　传统的 Harris 和 NCC 算法

8.3.1　Harris 角点检测算法

关于 Harris 算法进行角点提取的步骤和原理见 1.3.4 节，此处不再赘述。由于 Harris 算法只能处理灰度图像，因此需要将原始的彩色图像转化为灰度图像。Harris 算法具有速度快、精度高等特点[104-106]，是常用的角点检测算法。但 Harris 算法阈值的设定对角点检测效果有直接的影响，Harris 算法用于量子图像拼接也存在该问题。Harris 算法阈值对角点检测的影响如图 8.2 所示。由图 8.2（a）可知，当阈值设置过小时，Harris 算法提取角点的数量过多，算法后续的计算复杂度较大，并且易形成伪角点 [如图 8.2（a）①所示] 和角点聚簇 [如图 8.2（a）②所示]。由图 8.2（b）可知，当阈值设置过大时，Harris 算法提取角点的数量过少，不能充分描述图像特征，不利于图像的拼接。

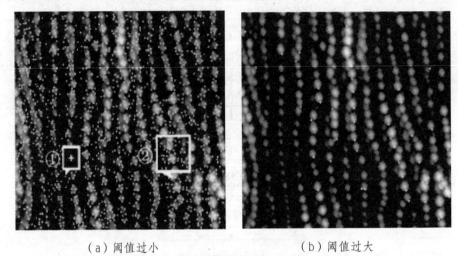

（a）阈值过小　　　　　　　　　（b）阈值过大

图 8.2　Harris 算法阈值对角点检测的影响

8.3.2　NCC 角点匹配算法

Harris 算法进行角点检测后，需要对提取的角点进行匹配。NCC 是角点匹配中常用的算法之一，NCC 算法细节见 1.2.4 节，此处不再赘述。NCC 算法角点匹配的步骤如下：①选取参考图像（第一幅图像）中的一个角点，并选取以角点为中心的一定大小窗口的灰度图像。②将参考图像的角点区域与配准图像（第二幅图像）所有角点的区域逐一计算相似度。③参考图像的一个角点计算完成后，判断相似度最大的角点间的相似度是否大于设置的阈值，若大于，则存在配准图像中匹配的角点；反之，则不存在匹配的角点。④重复①～③的步骤，进行参考图像的下一角点的匹配情况计算，直到参考图像所有角点计算完成。

在角点匹配的过程中，NCC 算法的窗口大小对识别率有重要影响。大的窗口参与计算的区域较大，较大的区域有利于角点之间相似度的判别，但较大的窗口又会导致参与的像素增加，使算法的计算复杂度较大。对于图像局部区域相似度低的图像，通常情况下选取 5 像素 ×5 像素的区域即可。对于量子图像而言，NCC 算法进行角点匹配时，若选取较小的窗口进行相似度计算，则会导致误匹配情况的发生，如图 8.3 所示；若选取较大的窗口进行检测，则参与计算的区域像素过多，算法的计算量较大，时间开销过大。

图 8.3　小窗口的 NCC 算法进行量子图像的匹配

8.4　基于量子点或量子环数量的阈值设置和二次 NCC 匹配方法

针对上述问题，本章基于 Harris 和 NCC 算法进行改进。在量子图像中，量子点和量子环是图像中引起纹理变化的主要形貌，而 Harris 算法检测角点就是基于图像的纹理变化。因此，一幅图像中量子点或量子环越多，则可提取的角点就越多。本章通过统计量子点或量子环的数量进行阈值的设置，在误匹配方面，使用二次 NCC 的匹配方法进行角点匹配，以降低误匹配率，同时保证较快的速度。

下面将从以下三个方面进行介绍：量子点或量子环的计数，基于量子点或量子环数量的 Harris 算法阈值设置，二次 NCC 匹配方法。

8.4.1 量子点或量子环的计数

对于图像中的物体数量统计，传统的方法是使用最大类间方差法（大津法，OTSU）进行图像的分割，提取物体信息，并进行连通域计数。图 8.2 使用 OTSU 分割的结果如图 8.4 所示。由图 8.4 可知，图像中存在大量的量子点粘连，此时进行连通域计数将会将大量的量子点统计为 1 个，导致量子点计数的结果不准确。因此，对于量子图像的计数，OTSU 并不适用。文献 [108] 采用二值化和阈值下降的方法将图像进行分割，并在每次二值化的过程中判断二值化提取到的量子点是否在之前的过程中被检测到，同时统计初次检测到的量子点，以得到量子点的数量。二值比和阈值下降的方法获得了较高的精度，但其速度较慢。本章在其基础上进行改进，采用计数方法的流程如图 8.5 所示。

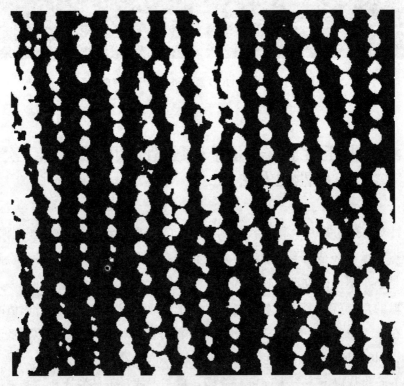

图 8.4　使用 OTSU 分割的结果

224

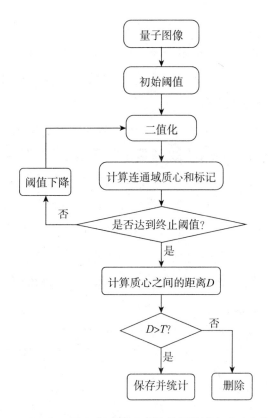

图 8.5 量子点或量子环的数量统计方法流程图

由图 8.5 可知，提出的量子点或量子环计数方法流程如下：①确定二值化的初始阈值，然后根据阈值进行二值化。②计算二值化连通区域的质心，并在另一部分相同的空白图像中标记质心的坐标。③判断当前的阈值是否达到终止阈值，若未达到，则阈值降低，并重复进行二值化和连通区域质心的计算和标记；若达到，则进行一下一步。④计算空白图像中标记的每个质心之间的距离。⑤按照标记的顺序判断质心之间的距离是否大于设置的阈值，若大于阈值，则当前的质心保存；反之，则该质心删除。⑥对保留的所有质心进行计数。距离的计算公式为

$$D(i, j) = \sqrt{(x_i - x_j)^2 + (y_i - y_j)^2} \qquad (8.1)$$

式中，x_i 和 y_i 为第 i 个质心的坐标；x_j 和 y_j 为第 j 个质心的坐标。

算法的主要目的是在阈值下降的过程中，计算每次二值化的连通区域

质心,并保存。在此过程中,量子点或量子环被二值化提取的区域会逐渐扩大,因此同一区域可能产生多个质心,本章通过设置最小距离(14)来区别质心是否来源于同一量子点或量子环。只有当质心距离大于此值时,才能认定独立的量子点或量子环。

在迭代分析量子点与量子环的过程中,需要确定初始阈值和终止阈值,初始阈值用于二值化的开始,终止阈值用于停止量子点搜索的过程。初始阈值选取一个较大的阈值即可,本章初始阈值为图像中最大灰度值减 20。终止阈值需根据图像的灰度值的对数直方图进行设置,以图 8.2 为例,图 8.6 为其灰度值对数直方图,由于图像背景部分灰度值占比最大,因此最大值之后的第一个极小值(虚线位置)为图像中量子点或量子环能被检测到的最小灰度值,即终止阈值。本章通过寻找最大值之和的第一个极小值来确定终止阈值。

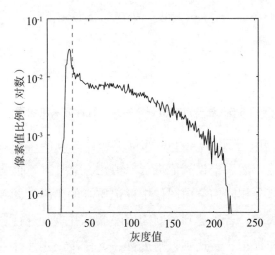

图 8.6　图 8.2 的灰度值对数直方图

8.4.2　基于量子点或量子环数量的 Harris 算法阈值设置

在量子图像中,衬底平坦,而量子点、量子环等结构可以带来图像梯度的变化,因此量子点、量子环是角点的有效提供者。并且在相同的生长条件下,量子点、量子环的形貌特征相近 [109-111]。因此,量子图像局部区域之间呈现一定的相似性，可从局部确定整体阈值，以减小量子点或量子环计数阶段的时间成本。本章将量子图像分割为 3 像素 ×3 像素的子图，并选取其中一个子图确定阈值，同时将此阈值作为全局阈值。

得到一个子图的量子点或量子环的数量 n 后，就可对该子图进行阈值设置，方法如下：首先，采用较小的阈值 T_0 进行角点检测，以产生过多的角点。其次，对角点的 CRF 值从大到小进行排序，排序完成后，将第 N 个角点对应的 CRF 值作为该区域的阈值，该值也是全局阈值。由于量子点、量子环是角点的有效提供者，因此得到量子点或量子环的数量 n 与区域保留的角点 N 呈现正比例关系，即

$$N = a \times n + b \tag{8.2}$$

式中，a 为比例系数；b 为常数项。

为得到 a 和 b 的具体数值，本章对 100 张量子图像进行实验，即手动调整子区域保留的角点数量 N，以保证图像获得合适的角点数量，并将 N 与图像中的量子点或量子环的数量 n 进行统计分析，其结果如图 8.7 所示。通过对该数据进行拟合，得到 a 和 b 的值分别为 0.996 和 29.78。

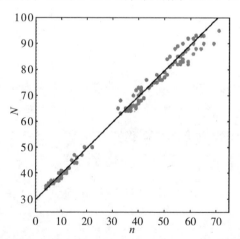

图 8.7　量子点或量子环与子区域保留角点的关系统计图

8.4.3 二次 NCC 匹配方法

量子图像的局部相似度高，采用一次 NCC 算法进行角点匹配时，若采用较小的窗口，则会导致较高的误匹配率，较高的误匹配率不利于 RANSAC 算法提取精匹配结果；若采用较大的窗口，则窗口内参与计算的像素过多，导致时间开销过大。因此，本章提出二次 NCC 的方法，首先选取一个较小窗口（5 像素 × 5 像素）进行第一次 NCC 算法的计算，得到粗匹配的角点对，然后使用较大的窗口（49 像素 × 49 像素）在第一次 NCC 算法计算的基础上对匹配的角点对进行筛选，删除错误匹配的角点，以降低误匹配率。由于第二次 NCC 算法计算是在第一次匹配的角点对上进行筛选，因此其所需计算的次数只是第一次匹配的角点对的对数，额外计算量较小，能够降低角点的误匹配率。

8.5 实验结果与分析

本次实验的运行环境是 CPU 为 inter® CORE™ i5-3470 CPU @ 3.2 GHz、内存为 8 GB RAM 的 64 位 Windows 10 操作系统。图 8.8 为 3 组拼接使用的原始图像，其中（a）和（b）为量子线图像，大小为 483 像素 × 483 像素；（c）和（d）为量子环图像，大小为 511 像素 × 511 像素；（e）和（f）为量子点图像，大小为 534 像素 × 534 像素。

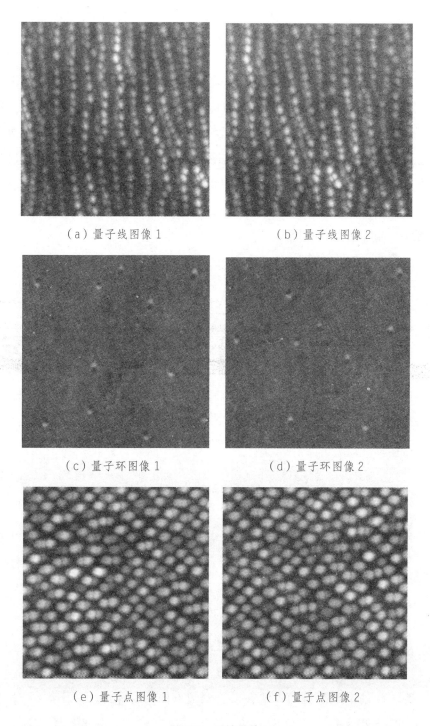

（a）量子线图像1　　　　　　　（b）量子线图像2

（c）量子环图像1　　　　　　　（d）量子环图像2

（e）量子点图像1　　　　　　　（f）量子点图像2

图8.8　原始图片

8.5.1 量子点或量子环计数方法分析

为了验证基于阈值下降的量子点或量子环计数方法的可靠性，对图 8.8 中的图像选取一个子图分别使用 OTSU、文献 [108] 的方法和本章改进的方法在准确率和时间上进行对比，结果见表 8.1 所列。由表 8.1 可知，OTSU 处理时间最短，但其与人工计数的结果差距最大，其准确率最差；文献 [108] 的方法与人工计数的结果差距最小，准确率最高，但时间成本较大。本章改进的方法获得了较高的准确率和较快的速度，可以较好地完成量子点或量子环的计数，同时减少时间开销。

表 8.1 量子点或量子环计数方法对比

对比维度	算法	图8.8 (a)	图8.8 (b)	图8.8 (c)	图8.8 (d)	图8.8 (e)	图8.8 (f)
量子点或量子环的数量	OTSU	23	22	3	2	19	21
	文献 [108]	40	46	11	10	28	26
	QISAHN 算法	38	47	8	10	27	25
	人工计数	44	46	11	10	28	26
时间 /s	OTSU	0.021	0.021	0.028	0.023	0.016	0.010
	文献 [108]	0.737	0.705	0.517	0.513	0.703	0.779
	QISAHN 算法	0.269	0.260	0.082	0.075	0.296	0.302

8.5.2 基于数量的阈值设置方法分析

为了验证本章改进的算法在设置阈值方面的可靠性，对图 8.8 分别使用传统的 Harris 算法和 QISAHN 算法进行角点检测，结果如图 8.9 所示，

表8.2为两种方法检测的角点数量对比结果。由图8.9和表8.2可知，传统的Harris算法的量子线图像[图8.9（a）和（c）]的角点数量过多，且在图像上形成伪角点和角点聚簇，伪角点不能提供有效的信息，角点聚簇的区域会被反复利用，不能提供足够多的有效信息，且极大地增加了算法的搜索空间和复杂度；量子环和量子点图像[图8.9（e）、（g）、（i）、（k）]的角点分布稀疏，无法较好地描述图像，不利于对图像的对应关系进行计算。本章QISAHN算法的量子环和量子点图像[图8.9(f)、（h）、（j）、(l)]的角点数量分别增加到437、234、592和514，角点在空间分布上拥有更大的占比，有效地增加了角点，且在图8.9（f）、（h）、（j）和（l）中没有观测到伪角点和角点聚簇，能更为有效地描述图像信息，有利于图像的拼接；对于量子线图像[图8.9（b）和（d）]，将角点数量减少至678和513，角点匹配阶段所需搜索的空间大小由1 399×944下降至678×513，下降了73.66%，该方法有效地将角点数量控制在合理的范围，且有利于减少角点匹配的搜索空间和算法的复杂度。综上可知，本算法有利于平衡量子图像的角点数量，能够增加信息较少的图像的角点数量，以更好地描述图像信息，同时能够减少信息较多的图像的角点数量，以减少角点匹配的搜索空间和算法的复杂度。

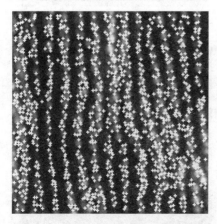

（a）传统的Harris算法1 　　　　（b）QISAHN算法1

图8.9 角点检测结果

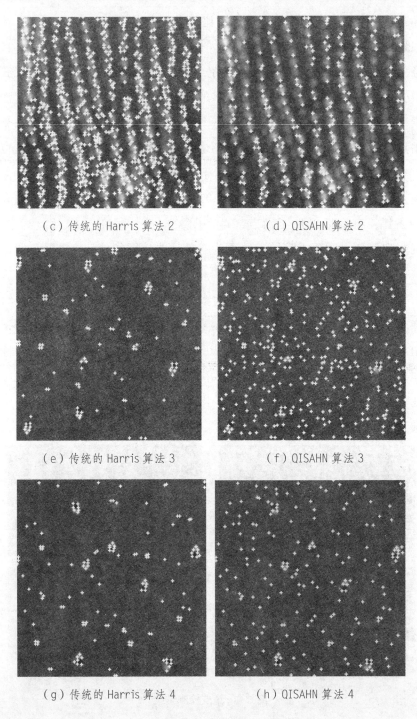

（c）传统的 Harris 算法 2　　　　　（d）QISAHN 算法 2

（e）传统的 Harris 算法 3　　　　　（f）QISAHN 算法 3

（g）传统的 Harris 算法 4　　　　　（h）QISAHN 算法 4

图 8.9　（续）

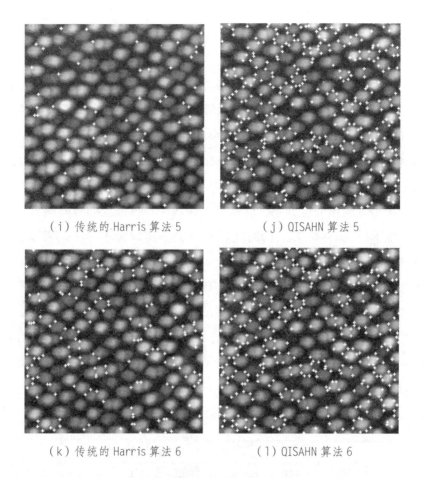

（i）传统的Harris算法5　　　　　（j）QISAHN算法5

（k）传统的Harris算法6　　　　　（l）QISAHN算法6

图8.9　（续）

表8.2　角点检测数量对比结果

算法	图8.8（a）	图8.8（b）	图8.8（c）	图8.8（d）	图8.8（e）	图8.8（f）
Harris	1 399	944	157	174	90	252
QISAHN算法	678	513	437	234	592	514

8.5.3　二次 NCC 的匹配方法的误匹配率和时间分析

为了验证二次 NCC 的匹配方法的效果，在 QISAHN 算法进行角点提取的基础上，分别使用 QISAHN 算法与传统的 NCC 算法进行角点匹配，并分析其误匹配率和时间，结果见表 8.3 所列。由表 8.3 可知，传统的 NCC 算法随着窗口尺寸的增加，时间逐渐增加，误匹配率逐渐降低，但误匹配率仍相对较高，说明越大的窗口参与计算的像素越多，越多的像素越有利于角点的相似度判别，降低算法误匹配率，但会导致时间开销的增大。二次 NCC 的匹配方法的时间成本仅大于窗口大小为 5 像素 ×5 像素的传统 NCC 算法，这得益于第二次 NCC 算法匹配是在第一次匹配的基础上进行的，其所需的计算量极小，因此时间开销较低。并且，与窗口大小为 5 像素 ×5 像素的传统 NCC 算法相比，二次 NCC 的匹配方法的时间增加了 1.34% ～ 4.97%，但误匹配率降低了 55.59% ～ 62.06%，降低至 4.82% ～ 27.27%，说明提出的二次 NCC 的匹配方法仅需极少的时间成本即可有效地降低算法的误匹配率。综上可知，提出的二次 NCC 的匹配方法具有较低的时间成本，且具备极低的误匹配率。

表 8.3　误匹配率和时间对比结果

算法	窗口尺寸	图8.8（a）和（b）		图8.8（c）和（d）		图8.8（e）和（f）	
		误匹配率/%	时间/s	误匹配率/%	时间/s	误匹配率/%	时间/s
NCC	5 像素 ×5 像素	66.88	3.929	82.86	1.608	67.35	3.551
	9 像素 ×9 像素	61.10	4.026	72.32	1.738	66.77	3.728
	13 像素 ×13 像素	56.01	4.154	54.17	1.876	65.79	3.941
	17 像素 ×17 像素	50.53	4.409	38.56	1.966	63.24	4.134
	21 像素 ×21 像素	45.33	4.830	27.59	2.068	61.67	4.569
	25 像素 ×25 像素	41.22	5.188	25.00	2.179	58.50	4.916
提出的算法	5 像素 ×5 像素，49 像素 ×49 像素	4.82	3.982	27.27	1.688	10.17	3.682

8.5.4 算法匹配对比

传统的 Harris+NCC（5 像素 ×5 像素）算法和 QISAHN 算法的角点匹配结果如图 8.10 所示。由图 8.10 可知，传统的 Harris+NCC（5 像素 ×5 像素）算法的误匹配率很高，不利于后续 RANSAC 算法的精匹配计算。QISAHN 算法的误匹配率极低，RANSAC 算法能够快速准确地计算精匹配的结果。QISAHN 算法进行图像拼接的结果如图 8.11 所示。由图 8.11 可知，QISAHN 算法有效地完成了量子图像的拼接，拼接的图像视觉观感良好，说明 QISAHN 算法具有良好的拼接质量。并且，QISAHN 算法准确地完成了量子图像的拼接，在保留细微的纹理信息的同时，获得了更大范围的图像。

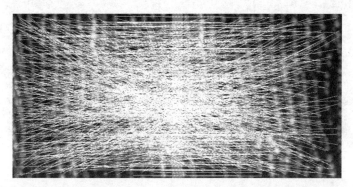

（a）Harris+NCC（5 像素 ×5 像素）算法 1

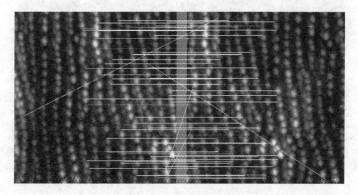

（b）QISAHN 算法 1

图 8.10 角点匹配的结果

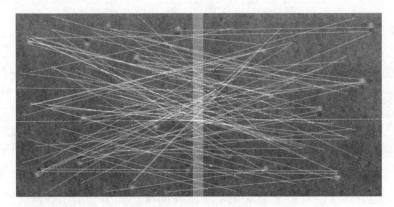

（c）Harris+NCC（5像素 ×5像素）算法 2

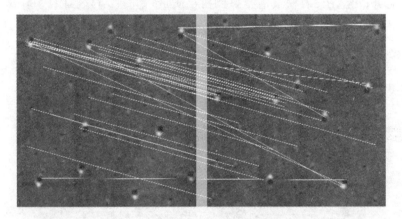

（d）QISAHN 算法 2

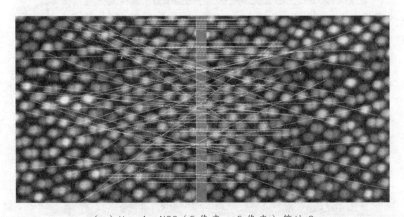

（e）Harris+NCC（5像素 ×5像素）算法 3

图 8.10 （续）

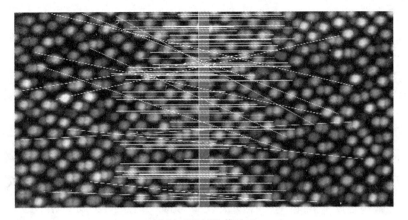

（f）QISAHN 算法 3

图 8.10　（续）

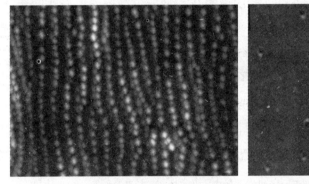

（a）量子线图像拼接结果

（b）量子环图像拼接结果

（c）量子点图像拼接结果

图 8.11　图像拼接结果

8.6　结论

本章基于 Harris 和 NCC 算法进行研究，提出了改进算法，即 QISAHN 算法，解决了传统算法应用于量子图像拼接时存在的问题：第一，阈值需要手动设置；第二，量子图像局部区域之间的相似度较大，传统 NCC 算法无法兼顾速度和准确率。在阈值设置方面，由于图像局部相似度高，因此首先将图像分割为 3 像素 ×3 像素的子图；其次基于二值化和阈值下降计算一个子图的量子点、量子环的数量；最后分析数量与阈值之间的关系，以设置算法的阈值，将角点数量控制在合理的范围内。在误匹配率方面，首先选取较小尺寸窗口的 NCC 算法进行角点匹配；其次使用较大尺寸窗口的 NCC 算法对前一次匹配的角点对进行验证，以删除错误匹配的角点对。实验结果表明：在量子点、量子环的计数方面，QISAHN 算法在速度和精度上均拥有较好的效果；在阈值设置方面，相较于传统算法，QISAHN 算法检测得到的角点数量更为合理；在误匹配方面，相比于 5 像素 ×5 像素的传统 NCC 算法，二次 NCC 算法以 1.34% ～ 4.97% 的额外时间成本为代价将误匹配率降低了 55.59% ～ 62.06%，降低至 4.82% ～ 27.27%。可见，二次 NCC 的匹配方法拥有较快的速度和较低的误匹配率，有效地提升了匹配阶段的可靠性。综上所述，本章改进的算法在量子图像拼接领域具有一定的应用价值。然而，受限于 Harris 算法和 NCC 算法的特性，QISAHN 算法并不具备处理尺度变换和仿射变换的问题，因此在后续的研究中，应使用 SIFT 算法进行量子图像的拼接。

第 9 章　基于动态阈值和全局信息的 SIFT 量子图像拼接算法

9.1　概述

在 SIFT 算法的改进方面，何宾等人利用相关相位法初步确定重复区域，并在重复的区域中选取较小的子块进行 SIFT 检测，有效地降低了图像拼接的时间[112]；纪华等人在 SIFT 算法的基础上加入基于全局信息的全局向量[113]，王睿等人在 SIFT 算法的基础上加入全局颜色信息，有效地降低了误匹配率，提升了匹配的稳定性[114]；徐晓华等人将 SIFT 算法引入手指静脉图像，改进后的算法取得了较好的效果[54]；田嘉禾等人将 SIFT 算法引入水下图像匹配，改进后的算法取得了良好的准确率[115]。

第 8 章将 Harris 和 NCC 算法应用于量子图像拼接，取得了较好的效果，然而受限于 Harris 和 NCC 算法自身的特性，无法处理尺度变换和仿射变换的问题，因此本章使用 SIFT 算法进行量子图像拼接的研究。然而，直接将 SIFT 算法应用于量子图像拼接，将会出现如下的问题：第一，对于量子图像，在特征点获取的过程中，量子点或量子环是量子图像中引起梯度变化的主要因素，因此特征点数量受到图像中量子点或量子环数目的影响，会存在特征点数量不合理的问题；第二，量子图像局部区域相似性较大，直接使用 SIFT 算法，会产生误匹配率较高的问题。针对特征点数量不合理的问题，本章分析了算法和图像中与特征点数量相关联的因素，通过调整这些因素得到了合理的特征点数量。针对误匹配率较高的问题，本章从全局角度出发，构建全局信息描述子，并将全局信息描述子与 SIFT 算法的局部信息描述子相结合，有效地降低了误匹配率。

9.2 QISADTG 算法

9.2.1 传统 SIFT 算法在量子图像拼接中的问题

SIFT 算法具有良好的鲁棒性和精度，是图像拼接领域中一个热门的方法。SIFT 算法首先建立高斯差分尺度空间，同时寻找极值，然后对尺度空间函数进行曲线拟合以精确定位极值位置和尺寸。在该过程中，为了去除对比度较低的极值点，需要将尺度空间函数拟合化简，即

$$D(\hat{X}) = D + \frac{1}{2}\frac{\partial D^{\mathrm{T}}}{\partial X_0}\hat{X} \tag{9.1}$$

式中，$\hat{X} = (x, y, \sigma)^{\mathrm{T}}$ 为相对插值的中心偏移量，当其在水平和垂直的任一方向上的偏差大于 0.5 时，则表示插值出现错误，其插值中心更接近相邻的点，因此需更新极值点的位置，并且在新的位置反复进行插值操作，直至收敛为止；若插值的次数超过预设的迭代次数或插值位置不在图像的范围内，则将该极值点删除，文献 [18] 将迭代次数定为 5 次。此外，对于 $|D(\hat{X})|$ 过小的极值点，其对比度较低，易受噪声的影响，从而导致其稳定性较差，因此需将 $|D(\hat{X})|$ 小于 0.03 的点删除。要基于梯度的方向进行直方图统计，以确定特征点的方向，同时通过邻域梯度统计生成特征描述子。

SIFT 算法在鲁棒性和精度方面拥有良好的优势，但 SIFT 算法在量子图像中的效果并不理想，主要原因是量子图像具有以下独特性：①对于大多数图像，其特征点往往来源于图像中的多种纹理和场景，但量子图像中

仅存在量子点、量子环和衬底的纹理，其场景和纹理相对较少，且量子图像中仅有量子点或量子环能提供有效的特征点，其数量对特征点的数量有直接的影响。图9.1（a）为量子点较多的情况，其特征点数量也较多，这将会导致算法在匹配阶段的计算量较大；图9.1（b）为量子环较少的情况，其特征点数量也较少，无法充分利用图像的特征信息，不利于图像的拼接。②对于大多数图像，其纹理和场景在图像中交错存在，图像局部区域之间的相似度较低，SIFT算法生成的描述子具有较好的独特性，但量子图像的局部区域之间的相似度较大，SIFT算法会生成相似甚至相同的描述子，从而导致误匹配的问题，如图9.1（c）所示。

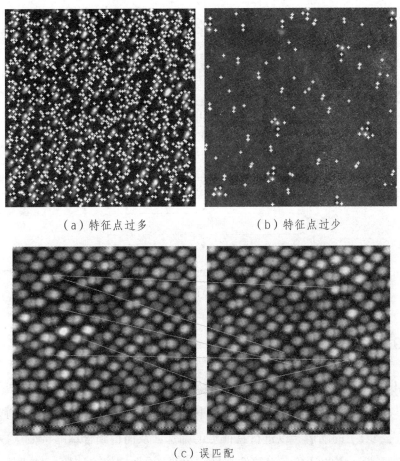

（a）特征点过多　　　　　　　　（b）特征点过少

（c）误匹配

图9.1　传统的SIFT算法在量子图像拼接中存在的问题

针对上述问题，本章在传统算法的基础上进行研究，提出了改进的算法，即 QISADTG 算法。QISADTG 算法的流程如图 9.2 所示。由图 9.2 可知，QISADTG 算法的步骤如下：①在特征点提取阶段，基于量子点、量子环的数量对特征点的数量有直接的影响这一特性，分析二者之间的关系，并依照此关系动态地设置式（9.1）的阈值，以进行特征点的提取；②特征点提取完成后，建立同心圆分析域，从更大的范围获取图像信息，生成全局信息描述子，同时生成 SIFT 算法的局部描述子；③通过加权的方式进行特征点描述子距离的计算，以完成初匹配，并基于 RANSAC 算法完成精匹配；④根据精匹配的结果计算图像间的投影变换矩阵，进行图像融合，以完成图像拼接。

待拼接图像

动态阈值，特征点提取

生成全局描述子和SIFT算法局部描述子

特征点描述子加权匹配

RANSAC

图像融合

拼接完成

图 9.2　QISADTG 算法的流程

9.2.2　动态阈值

由于量子点、量子环的数量对特征点数量有直接的影响，并且图像的尺寸与特征点数量应成正比例关系，因此本章通过量子点、量子环的密度设置式（9.1）的阈值，以进行特征点的筛选，从而得到合理的特征点数量。

对于量子点的计数，无须像文献 [108] 一样做到精确计数，只要得到量子点的大致数目即可。因此，本章首先使用最大类间方差法计算二值化的阈值，并对图像进行二值化，然后根据图像中的连通域个数进行统计，即可得到量子点或量子环的大致数量，最后用量子点或量子环的数量除以量子图像的面积，就可得到其对应的密度。

　　为了分析量子点和量子环密度与阈值之间的关系，本章对 100 张量子图像进行实验，得到的二者之间的关系如图 9.3 所示。由图 9.3 可知，当 $\rho \leqslant 0.000\,2$ 时，图像中量子点、量子环的密度较低，量子点、量子环数量较少，使用传统 SIFT 算法的固定阈值的方法只能得到较少的特征点数量，而降低阈值可以增加特征点的数量；但阈值设置过小会导致特征点的稳定性变差，因此需要设置阈值的下限，此处设置为 0.015。当 $0.000\,2<\rho<0.002\,9$ 时，随着量子点、量子环密度的增加，传统的 SIFT 算法所能提取的特征点数量也相应地增加，为了平衡特征点的数量，阈值应为增加的趋势，二者为正相关的关系，使用最小二乘法进行拟合得到其函数表达式为 $T=86.1\times\rho+0.005\,7$。当 $\rho \geqslant 0.002\,9$ 时，量子点、量子环的密度极高，传统的 SIFT 算法所能提取的特征点数量过多。但为了避免阈值设置过大导致特征点过少，因此需要设置阈值的上限，此处设置为 0.25。综上，可使用式（9.2）对二者之间的关系进行表示。

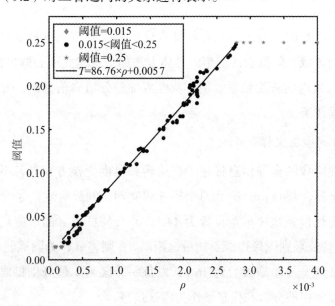

图 9.3　量子点和量子环的密度与阈值的关系

$$T = \begin{cases} 0.015, & \rho \leqslant 0.000\,2 \\ 86.76 \times \rho + 0.005\,7, & 0.000\,2 < \rho < 0.002\,9 \\ 0.25, & \rho \geqslant 0.002\,9 \end{cases} \quad (9.2)$$

式中，T 为阈值；ρ 为量子点或量子环的密度。

为了分析拟合得到的结果与实验结果的误差，本章使用确定系数（R-square）进行分析，其公式为

$$R^2 = 1 - \frac{\sum\limits_{i=1}^{n}(\hat{y}_i - \overline{y}_i)^2}{\sum\limits_{i=1}^{n}(y_i - \overline{y}_i)^2} \quad (9.3)$$

式中，y_i、$\hat{y}_i$ 和 $\overline{y}_i$ 分别为实验结果、拟合结果和实验结果的均值，其数值越接近1，说明拟合效果越好。通过计算得到实验结果和拟合结果的确定系数为 0.991 2，说明拟合的结果与实验结果的误差较小，拟合效果较好，可使用拟合的数据代替实验的数据，以减少人为参与，改善算法的自动程度。

9.2.3　全局信息描述子

对于误匹配的问题，本章在特征点处以更大的范围进行观测，以区分局部相似的区域，降低误匹配率。具体方法如下：建立同心圆坐标分析域，计算圆环区域内的灰度值累加值、灰度累加差分值和信息熵，并将其作为全局信息描述子。

1.建立同心圆坐标分析域

为了使生成的全局信息描述子在旋转和尺度变换方面具备不变性，以特征点的坐标为圆心、$m \times \sigma_n$ 为总半径 R 建立同心圆分析域，如图9.4所示。其中，m 为比例系数（本章设置为44），σ_n 为特征点 n 的对应尺度。如果 $m \times \sigma_n$ 大于特征点到图像边缘点的最远距离 d，则将 d 作为圆域的总半径 R。将 R 进行 k 等分（本章设置为16），以每一分区为单位分别提取灰度值累加值、灰度累加差分值和信息熵作为特征信息。

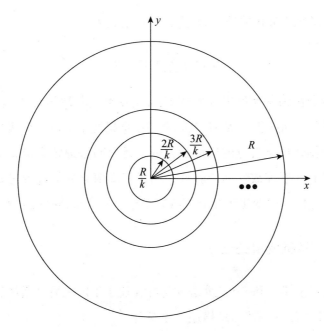

图 9.4　全局信息的区域划分

2. 生成描述子

（1）计算每个分区的灰度值累加值。为了避免图像整体亮度的变化对描述子的影响，对其进行归一化处理，计算公式为

$$\overline{f}_i = \frac{f_i}{\sqrt{\sum\limits_{i=1}^{16} f_i^2}} \qquad (9.4)$$

式中，f_i 为每个分区的灰度值累加值；$\overline{f}_i$ 为归一化的灰度值累加值。

（2）计算分区间的灰度累加差分值 $\overline{df}_i$，计算公式为

$$\overline{df}_i = \begin{cases} \left|\overline{f}_i - \overline{f}_{i+1}\right|, & i = 1 \\ \left|2\overline{f}_i - \overline{f}_{i+1} - \overline{f}_{i-1}\right|, & 1 < i < 16 \\ \left|\overline{f}_i - \overline{f}_{i-1}\right|, & i = 16 \end{cases} \qquad (9.5)$$

（3）计算每个分区的信息熵 H_i，计算公式为

$$H_i = -\sum_{i=1}^{16} P_i \log_a P_i \qquad (9.6)$$

式中，P_i 为分区内灰度值出现的概率；a 为底数，其取值为 2。由于同心圆区域被 k 等分，因此将生成 48 维的全局信息描述子。由于该描述子的同心圆半径是根据特征点对应的尺度设置的，且以同心圆作为描述子的计算区域，所以具有尺度缩放性和旋转性；由于灰度值累加值进行过归一化，且信息熵不受整体亮度变化所影响，所以描述子具有整体亮度的不变性。

9.2.4　特征向量的匹配

全局信息描述子和 SIFT 算法的局部描述子生成之后，通过加权的方法将其与 SIFT 算法的局部信息描述子相结合。

首先，分别计算两种描述子的欧式距离，计算公式为

$$d_{\mathrm{L}} = \sqrt{\sum_k (L_{i,k} - L_{j,k})^2} \qquad (9.7)$$

$$d_{\mathrm{G}} = \sqrt{\sum_k (G_{i,k} - G_{j,k})^2} \qquad (9.8)$$

式中，$L_{i,k}$ 和 $L_{j,k}$ 分别为两幅待拼接图像的 SIFT 算法计算的局部信息描述子；$G_{i,k}$ 和 $G_{j,k}$ 分别为两幅待拼接图像的全局信息描述子。

其次，赋予两个距离不同的权重来计算最终距离：

$$d = \omega d_{\mathrm{L}} + (1-\omega) d_{\mathrm{G}} \qquad (9.9)$$

式中，ω 为权重系数，此处设置为 0.7。

为了减少一个特征点存在多个相似匹配点的误匹配情况，采用 NNDR 的方法来进行初匹配。特征点粗匹配完成后，使用 RANSAC 算法进行精匹配，得到特征点对正确匹配数量，并计算投影变换矩阵，完成图像拼接。

9.3　实验结果与分析

本次实验的运行环境是 CPU 为 inter® CORE™ i5-3470 CPU @ 3.2 GHz、内存为 8 GB RAM 的 64 位 Windows 10 操作系统。

图 9.5 为 3 组拼接使用的原始图像，其中图 9.5（a）和（b）为量子线图像，大小为 483 像素 ×483 像素；图 9.5（c）和（d）为量子环图像，大小为 511 像素 ×511 像素；图 9.5（e）和（f）为量子点图像，大小为 534 像素 ×534 像素。

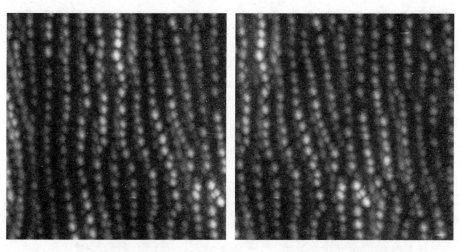

（a）量子线图像 1　　　　　　　　　　（b）量子线图像 2

图 9.5　原始图片

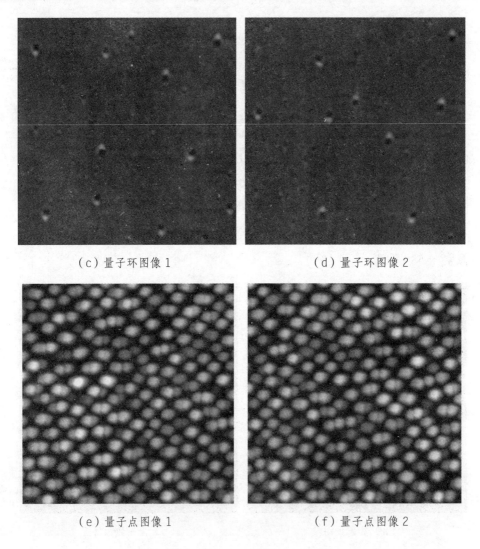

（c）量子环图像 1　　　　　　　（d）量子环图像 2

（e）量子点图像 1　　　　　　　（f）量子点图像 2

图 9.5　（续）

9.3.1　动态阈值对特征点数量的影响分析

以图 9.5 为例，图 9.6 为动态阈值的方法和传统 SIFT 算法的固定阈值为 0.03 的特征点提取结果，表 9.1 为对应的特征点数量。由图 9.6 和表 9.1 可知，对于量子线图像，其量子点的密度较大，传统的 SIFT 算法提取的特征点 [图 9.6（a）和（c）] 数量巨大，且在图像中分布密集，特征点分布密集的部分图像信息将被重复利用，生成相似甚至相同的描述子，导致误匹配情况的发生，并且过多的特征点数量极大地增加了匹配阶段的计算时间；而提出的动态阈值的方法提取的特征点 [图 9.6（b）和（d）] 数量适中，且在图像中分布均匀，图像的特征信息得到有效的利用，降低了算法匹配阶段的计算复杂度和时间开销。对于量子环图像，传统的 SIFT 算法提取的特征点 [图 9.6（e）和（g）] 数量较少，并且分布零散，不足以充分描述图像的纹理信息，不利于图像的拼接；而提出的动态阈值的方法提取的特征点 [图 9.6（f）和（h）] 数量更多，且在图像上分布更加均匀，图像的纹理信息得到了更好的应用。对于量子点图像，传统的 SIFT 算法提取的特征点 [图 9.6（i）和（k）] 数量巨大，且在图像中分布密集；而提出的动态阈值的方法提取的特征点 [图 9.6（j）和（l）] 数量更少，且不在某一区域分布密集，有效地降低了特征点的数量，也降低了特征点匹配阶段的时间开销。综上所述，提出的动态阈值的方法能够平衡特征点的数量，提取的特征点数量更合理，且分布良好，能够有效地描述图像的纹理信息，同时特征点匹配阶段具备较低的时间开销。

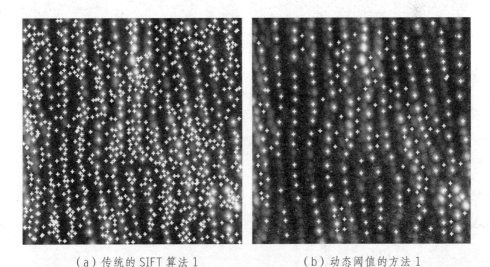

（a）传统的 SIFT 算法 1　　　　　　（b）动态阈值的方法 1

图 9.6　特征点提取的结果

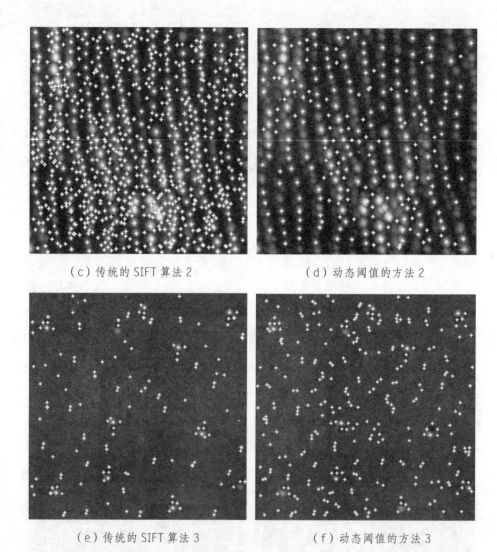

（c）传统的 SIFT 算法 2　　　　　　（d）动态阈值的方法 2

（e）传统的 SIFT 算法 3　　　　　　（f）动态阈值的方法 3

图 9.6　（续）

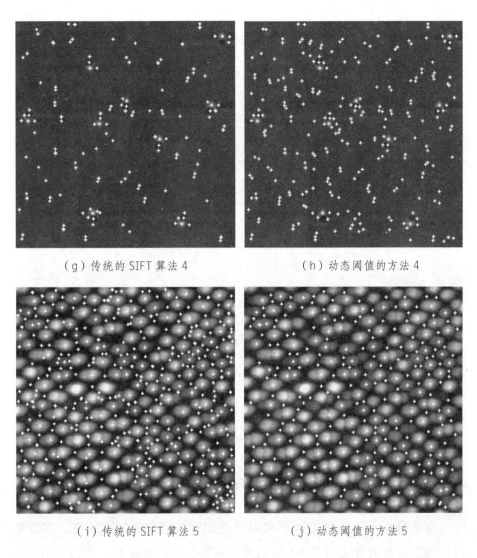

（g）传统的 SIFT 算法 4　　　　　　（h）动态阈值的方法 4

（i）传统的 SIFT 算法 5　　　　　　（j）动态阈值的方法 5

图 9.6　（续）

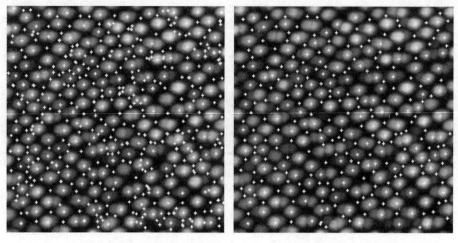

（k）传统的 SIFT 算法 6　　　　　　（l）动态阈值的方法 6

图 9.6　（续）

表 9.1　固定阈值和动态阈值提取的特征点数量的比较结果

算法	图 9.5（a）	图 9.5（b）	图 9.5（c）	图 9.5（d）	图 9.5（e）	图 9.5（f）
传统的SIFT算法	1 387	1 344	249	247	966	1 071
动态阈值	459	451	351	309	512	529

9.3.2　提出的描述子和匹配方法分析

　　为了验证全局信息描述子和对应的加权匹配方法的有效性，本章在使用动态阈值的方法对图 9.5 的图像提取特征点的基础上，分别使用传统的 SIFT 算法和 QISADTG 算法进行特征点匹配，并分析其匹配的特征点数量和误匹配率，结果见表 9.2 所列。由表 9.2 可知，在初匹配和精匹配的特征点方面，传统的 SIFT 算法具有较多的数量，QISADTG 算法的数量相对较少，但差距不大。在误匹配率方面，传统的 SIFT 算法误匹配率在 17.34% ～ 33.02%，而 QISADTG 算法的误匹配率为 10.84% ～ 20.00%，与传统的 SIFT 相比，误匹配率降低 6.50% ～ 13.02%，说明 QISADTG 算法的全局描述子和对应的加权匹配方法能够从更大视野提取图像的纹理信息，使得特征点之间的差异性增大，特征点匹配的准确性提高，有效地改善了匹配的可靠性。综上可知，提出的描述子具有更高的辨识度，加权匹配的方法能够有效地完成特征点的匹配，确保较多数量的匹配特征点，因此 QISADTG 算法在匹配阶段具有更好的性能。

表 9.2　误匹配率结果对比

图像		传统的SIFT算法	QISADTG算法
图 9.5（a）和（b）	初匹配的特征点数量	352	298
	精匹配的特征点数量	273	259
	误匹配率 /%	22.44	13.76
图 9.5（c）和（d）	初匹配的特征点数量	212	200
	精匹配的特征点数量	142	160
	误匹配率 /%	33.02	20.00
图 9.5（e）和（f）	初匹配的特征点数量	271	249
	精匹配的特征点数量	224	222
	误匹配率 /%	17.34	10.84

9.3.3　算法匹配对比

为了验证 QISADTG 算法的特征点匹配效果，本章分别使用 SIFT 算法和 QISADTG 算法进行图像拼接，特征点匹配的结果如图 9.7 所示。由图 9.7 可知，传统的 SIFT 算法 [图 9.7（a）、（c）和（e）] 的误匹配数量较多，不利于后续的 RANSAC 算法提取精匹配结果。QISADTG 算法的误匹配数量极少，RANSAC 算法能够快速、准确地计算精匹配的结果。

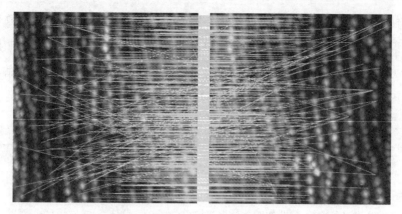

（a）传统的 SIFT 算法 1

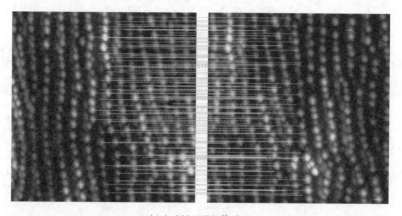

（b）QISADTG 算法 1

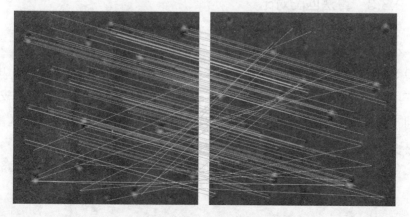

（c）传统的 SIFT 算法 2

图 9.7　特征点匹配的结果

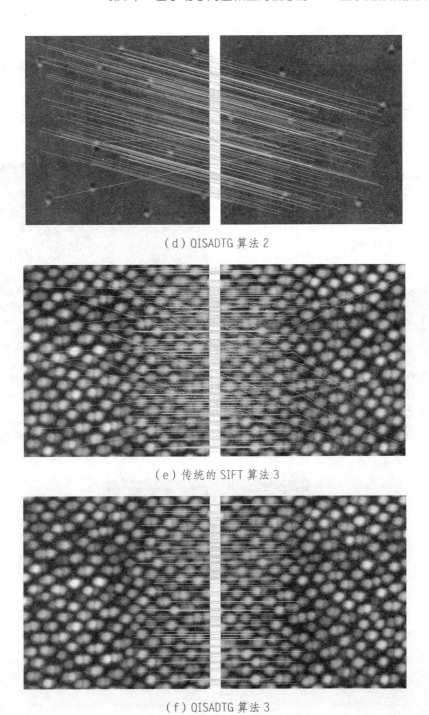

（d）QISADTG 算法 2

（e）传统的 SIFT 算法 3

（f）QISADTG 算法 3

图 9.7　（续）

QISADTG 算法进行图像拼接的结果如图 9.8 所示。由图 9.8 可知，本章 QISADTG 算法有效地完成了量子图像的拼接，拼接的图像视觉观感良好，说明 QISADTG 算法具有良好的拼接质量。QISADTG 算法在保留细微的纹理信息的同时，获得了大范围的图像；若需得到更大范围的图像，使用本章改进的方法重复进行两幅图像间的拼接即可。

（a）量子线图像　　　　　　　　　　　　　（b）量子环图像

（c）量子点图像

图 9.8　图像拼接的结果

9.4　结论

在量子图像拼接时，直接使用 SIFT 算法会存在以下问题：第一，特征点数量不合理；第二，误匹配率高。因此，本章基于 SIFT 算法进行研究，并提出了改进的算法。在特征点数量方面，通过实验分析量子点、量子环的密度与阈值之间的关系，并依照此关系进行阈值的设置，来确保特征点的数量在合适的范围内。在误匹配率方面，构建同心圆分析域，生成全局信息描述子，并使用加权的方法将其与 SIFT 算法的局部信息描述子相结合，以区分相似的区域，降低算法的误匹配率。实验结果表明：在特征点数量方面，相较于传统的 SIFT 算法，本章 QISADTG 算法能够平衡特征点的数量，获得了更为合适的特征点数量，图像的特征信息得到了有效利用，且在匹配阶段具备较低的时间开销。在误匹配方面，结合全局信息描述子的方法与只使用局部信息描述子的方法在正确匹配的数量上相差不大，误匹配率降低了 6.50% ～ 13.02%。因此，本章采用的基于动态阈值和全局信息的 SIFT 量子图像拼接算法具有在 AFM 和 STM 等量子图像中进行拼接的潜在应用价值。然而，QISADTG 算法主要是针对量子图像，并未对多种图像进行研究，因此在今后的工作中，应把 SIFT 用于不同领域图像的处理，并研究如何提升算法的鲁棒性和性能。

参 考 文 献

[1] KEKEC T，YILDIRIM A，UNEL M. A new approach to real-time mosaicing of aerial images[J]. Robotics and Autonomous Systems，2014，62（12）：1755–1767.

[2] XIE X，XU Y，LIU Q，et al. A study on fast SIFT image mosaic algorithm based on compressed sensing and wavelet transform[J]. Journal of Ambient Intelligence and Humanized Computing，2015，6（6）：835–843.

[3] YE M J，LI J，LIANG T Y，et al. Automatic seamless stitching method for CCD images of Chang' E-1 lunar mission[J]. Journal of Earth Science，2011，22（5）：610–618.

[4] HUI F，CHENG X，LIU Y，et al. An improved landsat image mosaic of Antarctica[J]. Science China Earth Sciences，2013，56：1–12.

[5] GHOSH D，KAABOUCH N. A survey on image mosaicing techniques[J]. Journal of Visual Communication and Image Representation，2016，34：1–11.

[6] MA W，WEN Z，WU Y，et al. Remote sensing image registration with modified SIFT and enhanced feature matching[J]. IEEE Geoscience and Remote Sensing Letters，2016，14（1）：3–7.

[7] CHANG H H，WU G L，CHIANG M H. Remote sensing image registration based on modified SIFT and feature slope grouping[J]. IEEE Geoscience and Remote Sensing Letters，2019，16（9）：1363–1367.

258

[8] KOEVA M, BENNETT R, PERSELLO C. Remote Sensing for Land Administration[J]. Remote Sensing, 2020, 12 (15): 2497.

[9] HIMTHANI N, BRUNN M, KIM J Y, et al. CLAIRE—Parallelized diffeomorphic image registration for large-scale biomedical imaging applications[J]. Journal of Imaging, 2022, 8 (9): 251.

[10] TOYAMA F, SHOJI K, MIYAMICHI J, et al. Image mosaicing from a set of images without configuration information[C]//Proceedings of the 17th International Conference on Pattern Recognition. Cambridge, 2004: 899–902.

[11] COOLEY J W, TUKEY J W. An algorithm for the machine calculation of complex Fourier series[J]. Mathematics of Computation, 1965, 19 (90): 297–301.

[12] DE CASTRO E, MORANDI C. Registration of translated and rotated images using finite Fourier transforms[J]. IEEE Transactions on Pattern Analysis and Machine Intelligence, 1987 (5): 700–703.

[13] BARNEA D I, SILVERMAN H F. A class of algorithms for fast digital image registration[J]. IEEE Transactions on Computers, 1972, 100 (2): 179–186.

[14] MORAVEC, H P. Techniques towards automatic visual obstacle avoidance[C]// 5th Int. Joint Conf. Artif. Intell. Cambridge, 1977: 584–590.

[15] FÖRSTNER W, GÜLCH E. A fast operator for detection and precise location of distinct points, corners and centres of circular features[C]// ISPRS Intercommission Conference on Fast Processing of Photogrammetric Data. Interlaken, 1987: 281–305.

[16] SMITH S M, BRADY J M. SUSAN—A new approach to low level image processing[J]. International Journal of Computer Vision, 1997, 23 (1): 45–78.

[17] HARRIS C, STEPHENS M. A combined corner and edge detector[C]//Alvey Vision Conference. Citeseer, 1988: 1–6.

[18] LOWE D G. Distinctive image features from scale-invariant keypoints[J]. International Journal of Computer Vision, 2004, 60: 91–110.

[19] BAY H, TUYTELAARS T, VAN GOOL L. Surf: Speeded up robust features[C]//Computer Vision–ECCV 2006: 9th European Conference on Computer Vision. Springer, 2006: 7–13.

[20] DAME A, MARCHAND E. Second-order optimization of mutual information for real-time image registration[J]. IEEE Transactions on Image Processing, 2012, 21（9）: 4190–4203.

[21] RIVAZ H, KARIMAGHALOO Z, COLLINS D L. Self-similarity weighted mutual information: a new nonrigid image registration metric[J]. Med Image Anal, 2014, 18（2）: 343–358.

[22] GONG M, ZHAO S, JIAO L, et al. A novel coarse-to-fine scheme for automatic image registration based on SIFT and mutual information[J]. IEEE Transactions on Geoscience and Remote Sensing, 2013, 52（7）: 4328–4338.

[23] GUPTA N, DAS S, CHAKRABORTI S. Extracting information from a query image, for content based image retrieval[C]//2015 Eighth International Conference on Advances in Pattern Recognition（ICAPR）. IEEE, 2015: 4–7.

[24] LIU H, SUN J, LIU L, et al. Feature selection with dynamic mutual information[J]. Pattern Recogn, 2009, 42（7）: 1330–1339.

[25] SOLEIMANI S, SUKUMARAN J, DOUTERLOIGNE K, et al. Online wear detection using high-speed imaging[J]. Microsc Microanal, 2016, 22（4）: 820–840.

[26] LIN Y, YU Q, MEDIONI G. Efficient detection and tracking of moving objects in geo-coordinates[J]. Machine Vision and Applications, 2011, 22: 505–520.

[27] ZHANG K，LI X，ZHANG J. A robust point-matching algorithm for remote sensing image registration[J]. IEEE Geoscience and Remote Sensing Letters，2013，11（2）：469–473.

[28] WU Y，MA W，GONG M，et al. A novel point-matching algorithm based on fast sample consensus for image registration[J]. IEEE Geoscience and Remote Sensing Letters，2014，12（1）：43–47.

[29] 徐鑫，孙韶媛，沙钰杰，等. 一种基于改进 RANSAC 的红外图像拼接方法 [J]. Laser & Optoelectronics Progress，2014，51（11）：111001.

[30] LOWE D G. Object recognition from local scale-invariant features[C]// Proceedings of the Seventh IEEE International Conference on Computer Vision. IEEE，1999：20–27.

[31] FISCHLER M A，BOLLES R C. Random sample consensus：a paradigm for model fitting with applications to image analysis and automated cartography[J]. Communications of the ACM，1981，24（6）：381–395.

[32] KOENDERINK J J. The structure of images[J]. Biol Cybern，1984，50（5）：363–370.

[33] LINDEBERG T. Scale-space for discrete signals[J]. IEEE Transactions on Pattern Analysis and Machine Intelligence，1990，12（3）：234–254.

[34] GAN M，CHENG Y，WANG Y，et al. Hierarchical particle filter tracking algorithm based on multi-feature fusion[J]. Journal of Systems Engineering and Electronics，2016，27（1）：51–62.

[35] CHEN L，LU W，NI J，et al. Region duplication detection based on Harris corner points and step sector statistics[J]. Journal of Visual Communication and Image Representation，2013，24（3）：244–254.

[36] LI H，QIN J，XIANG X，et al. An efficient image matching algorithm based on adaptive threshold and RANSAC[J]. Ieee Access，2018，6（1）：66963–66971.

[37] CUI J, XIE J, LIU T, et al. Corners detection on finger vein images using the improved Harris algorithm[J]. Optik, 2014, 125（17）: 4668–4671.

[38] WANG Z, LI R, SHAO Z, et al. Adaptive Harris corner detection algorithm based on iterative threshold[J]. Mod Phys Lett B, 2017, 31（15）: 1750181.

[39] SHEN S, ZHANG X, HENG W. Auto-adaptive harris corner detection algorithm based on block processing[C]//2010 International Symposium on Signals, Systems and Electronics. IEEE, 2010: 17–20.

[40] CHANGAN K S, CHILVERI P G. Stereo image feature matching using Harris corner detection algorithm[C]//2016 International Conference on Automatic Control and Dynamic Optimization Techniques（ICACDOT）. IEEE, 2016: 1–4.

[41] BANHARNSAKUN A. Feature point matching based on ABC-NCC algorithm[J]. Evolving Systems, 2018, 9（1）: 71–80.

[42] SUN J, LIU Y, DING Y, et al. NCC feature matching optimized algorithm based on constraint fusion[C]//2018 IEEE 3rd International Conference on Image, Vision and Computing（ICIVC）. IEEE, 2018: 27–29.

[43] BANKS J, BENNAMOUN M, CORKE P. Non-parametric techniques for fast and robust stereo matching[C]//TENCON' 97 Brisbane-Australia Proceedings of IEEE TENCON' 97 IEEE Region 10 Annual Conference Speech and Image Technologies for Computing and Telecommunications（Cat No 97CH36162）. IEEE, 1997: 1–4.

[44] BORISAGAR V H, ZAVERI M A. Census and segmentation-based disparity estimation algorithm using region merging[J]. Journal of Signal and Information Processing, 2015, 6（3）: 191.

[45] AMBROSCH K, KUBINGER W, HUMENBERGER M. Hardware implementation of an SAD based stereo vision algorithm[C]//2007 IEEE Conference on Computer Vision and Pattern Recognition. IEEE, 2007: 17–22.

[46] MIN D，LU J，DO M N. Joint histogram-based cost aggregation for stereo matching[J]. IEEE transactions on pattern analysis and machine intelligence，2013，35（10）：2539–2545.

[47] YUE C，YAN Z，SHI G W. Fast image stitching method based on SIFT with adaptive local image feature[J]. Chinese Optics，2016，9（4）：415–422.

[48] BRANDT J. Transform coding for fast approximate nearest neighbor search in high dimensions[C]//2010 IEEE Computer Society Conference on Computer Vision and Pattern Recognition. IEEE，2010：13–18.

[49] WANG Z，BOVIK A C，SHEIKH H R，et al. Image quality assessment：from error visibility to structural similarity[J]. IEEE Transactions on Image Processing，2004，13（4）：600–612.

[50] 刘媛媛，何铭，王跃勇，等 . 基于优化 SIFT 算法的农田航拍全景图像快速拼接 [J]. Transactions of the Chinese Society of Agricultural Engineering，2023，39（1）：117–125.

[51] 杨前华，王改革，赵力 . 基于 SIFT 特征的鱼眼图像拼接算法 [J]. 电子器件，2019，42（3）：712–717.

[52] 赵立杰，吴志豪，黄明忠 . 基于 SIFT 特征匹配的活性污泥显微图像拼接方法 [J]. 沈阳化工大学学报，2023，37（1）：74–79，86.

[53] 王洪光，黄北生，王学生 . 基于 CUDA 的二叉树图像拼接算法研究 [J]. 地理空间信息，2019，17（12）：103–105，109，111.

[54] 徐晓华，熊显名 . 改进 SIFT 算法的手指静脉特征提取和匹配研究 [J]. 工业控制计算机，2023，36（5）：101–103.

[55] FIDALGO E，ALEGRE E，GONZÁLEZ-CASTRO V，et al. Compass radius estimation for improved image classification using Edge-SIFT[J]. Neurocomputing，2016，197：119–135.

[56] ZHANG W，ZHAO Y. An improved SIFT algorithm for registration between SAR and optical images[J]. Scientific Reports，2023，13（1）：6346.

[57] 王昱皓，唐泽恬，钟岷哲，等．基于掩模搜索的快速尺度不变特征变换图像匹配算法 [J].激光与光电子学进展，2021，58（4）：175–181.

[58] 蔡怀宇，武晓宇，卓励然，等．结合边缘检测的快速 SIFT 图像拼接方法 [J].红外与激光工程，2018，47（11）：449–455.

[59] 李玉峰，李广泽，谷绍湖，等．基于区域分块与尺度不变特征变换的图像拼接算法 [J].光学精密工程，2016，24（5）：1197–1205.

[60] 刘杰，游品鸿，占建斌，等．改进 SIFT 快速图像拼接和重影优化 [J].光学精密工程，2020，28（9）：2076–2084.

[61] SHI H，GUO L，TAN S，et al. Improved parallax image stitching algorithm based on feature block[J]. Symmetry，2019，11（3）：348.

[62] 杨宇，赵成星，张晓玲．基于 SURF 和改进 RANSAC 的图像拼接方法 [J].激光杂志，2021，42（4）：105–108.

[63] 常伟，刘云．一种改进的快速全景图像拼接算法 [J].电子测量技术，2017，40（7）：90–94，99.

[64] MA J，JIANG J，ZHOU H，et al. Guided locality preserving feature matching for remote sensing image registration[J]. IEEE Transactions on Geoscience and Remote Sensing，2018，56（8）：4435–4447.

[65] 王超，雷添杰，张保山，等．基于改进 SIFT 算法的无人机遥感影像快速拼接 [J].华中师范大学学报（自然科学版），2023，57（2）：302–309.

[66] KE Y，SUKTHANKAR R. PCA-SIFT：A more distinctive representation for local image descriptors[C]//Proceedings of the 2004 IEEE Computer Society Conference on Computer Vision and Pattern Recognition. IEEE，2004：506–513.

[67] CHEN Y，XU M，LIU H L，et al. An improved image mosaic based on Canny edge and an 18-dimensional descriptor[J]. Optik，2014，125（17）：4745–4750.

[68] 刘媛媛，何铭，王跃勇，等．基于优化 SIFT 算法的农田航拍全景图像快速拼接 [J].农业工程学报，2023，39（1）：117–125.

[69] 卢鹏, 卢奇, 邹国良, 等. 基于改进 SIFT 的时间序列图像拼接方法研究 [J]. 计算机工程与应用, 2020, 56（1）: 196–202.

[70] 韩宇, 宗群, 邢娜. 基于改进 SIFT 的无人机航拍图像快速匹配 [J]. 南开大学学报（自然科学版）, 2019, 52（1）: 5–9.

[71] 曾峦, 顾大龙. 一种基于扇形区域分割的 SIFT 特征描述符 [J]. 自动化学报, 2012, 38（9）: 1513–1519.

[72] SHARMA S K, JAIN K. Image stitching using AKAZE features[J]. Journal of the Indian Society of Remote Sensing, 2020, 48: 1389–1401.

[73] RUBLEE E, RABAUD V, KONOLIGE K et al. ORB: An efficient alternative to SIFT or SURF[C]//2011 International Conference on Computer Vision. IEEE, 2011: 2564-2571.

[74] LEUTENEGGER S, CHLI M, SIEGWART R Y, et al. BRISK: Binary robust invariant scalable keypoints[C]//2011 International conference on computer vision. IEEE, 2011: 2548–2555.

[75] ZHANG Z, WANG L, ZHENG W, et al. Endoscope image mosaic based on pyramid ORB[J]. Biomedical Signal Processing and Control, 2022, 71: 103261.

[76] 许佳佳. 结合 Harris 与 SIFT 算子的图像快速配准算法 [J]. 中国光学, 2015, 8（4）: 574-581.

[77] BIND V S, MUDULI P R, PATI U C. A robust technique for feature-based image mosaicing using image fusion[J]. International Journal of Advanced Computer Research, 2013（5）: 263.

[78] KANG P, MA H, editors. An automatic airborne image mosaicing method based on the SIFT feature matching[C]//2011 International Conference on Multimedia Technology. IEEE, 2011: 155–159.

[79] LARAQUI A, SAAIDI A, SATORI K. MSIP: Multi-scale image pre-processing method applied in image mosaic[J]. Multimedia Tools and Applications, 2018, 77: 7517–7537.

[80] YAN M，QIN D，ZHANG G，et al. Nighttime image stitching method based on guided filtering enhancement[J]. Entropy，2022，24（9）：1267.

[81] 岳广，孙文邦，张星铭，等．航空面阵图像拼接的累积误差消除方法 [J]. 红外与激光工程，2021，50（9）：353–361.

[82] ZHAO S，YU G，CUI Y. New UAV image registration method based on geometric constrained belief propagation[J]. Multimedia Tools and Applications，2018，77：24143–24163.

[83] GONG X，LIU Y，YANG Y. Robust stepwise correspondence refinement for low-altitude remote sensing image registration[J]. IEEE Geoscience and Remote Sensing Letters，2020，18（10）：1736–1740.

[84] ZHANG Y，JIN X，WANG Z. A new modified panoramic UAV image stitching model based on the GA-SIFT and adaptive threshold method[J]. Memetic Computing，2017，9：231–244.

[85] ZHAO J，ZHANG X，GAO C，et al. Rapid mosaicking of unmanned aerial vehicle （UAV） images for crop growth monitoring using the SIFT algorithm[J]. Remote Sensing，2019，11（10）：1226.

[86] KUPFER B，NETANYAHU NS，SHIMSHONI I. An efficient SIFT-based mode-seeking algorithm for sub-pixel registration of remotely sensed images[J]. IEEE Geoscience and Remote Sensing Letters，2014，12（2）：379–383.

[87] ZENG Q，ADU J H，LIU J，et al. Real-time adaptive visible and infrared image registration based on morphological gradient and C_SIFT[J]. Journal of Real-Time Image Processing，2020，17：1103–1115.

[88] 王昱皓，唐泽恬，钟岷哲，等．基于相位相关和纹理分类的 SIFT 图像拼接算法 [J]. 量子电子学报，2020，37（6）：650–658.

[89] 周宏浩，易维宁，杜丽丽，等．基于卷积神经网络的 SIFT 特征描述子降维方法 [J]. 激光与光电子学进展，2019，56（14）：121–128.

[90] DU Q，FAN A，MA Y，et al. Infrared and visible image registration based on scale-invariant piifd feature and locality preserving matching[J]. IEEE Access, 2018, 6: 64107–64121.

[91] LI Y，QIAO W，JIN H，et al. Reliable and fast mapping of keypoints on large-size remote sensing images by use of multiresolution and global information[J]. IEEE Geoscience and Remote Sensing Letters, 2015, 12(9): 1983–1987.

[92] MIKOLAJCZYK K，SCHMID C. A performance evaluation of local descriptors[J]. IEEE transactions on pattern analysis and machine intelligence, 2005, 27(10): 1615–1630.

[93] DELLINGER F，DELON J，GOUSSEAU Y，et al. SAR-SIFT: a SIFT-like algorithm for SAR images[J]. IEEE Transactions on Geoscience and Remote Sensing, 2014, 53(1): 453–466.

[94] TANG Z，DING Z，ZENG R，et al. Multi-threshold corner detection and region matching algorithm based on texture classification[J]. IEEE Access, 2019, 7: 128372–128383.

[95] 王一，齐皓，王瀚铮，等. 基于改进 SIFT 的无人机影像匹配方法 [J]. 无线电工程, 2023, 53(10): 2337–2344.

[96] 杨毅，李大成，于杰，等. 基于迭代更新的 SIFT 遥感图像配准算法 [J]. 无线电工程, 2023, 53(2): 401–409.

[97] 张喜民，詹海生，余奇颖. 几何特征约束的 SIFT 特征匹配改进算法 [J]. 计量学报, 2023, 44(8): 1182–1187.

[98] CHEN S，ZHONG S，XUE B，et al. Iterative scale-invariant feature transform for remote sensing image registration[J]. IEEE Transactions on Geoscience and Remote Sensing, 2020, 59(4): 3244–3265.

[99] QIU H，PENG S. Adaptive threshold based SIFT image registration algorithm[C]// Second International Conference on Optics and Image Processing（ICOIP 2022）. SPIE, 2022: 271–276.

[100] ZHANG H，ZHENG R，ZHANG W，et al. An improved SIFT underwater image stitching method[J]. Applied Sciences，2023，13（22）：12251.

[101] HOSSEIN-NEJAD Z，NASRI M，BAHARLOUIE M. Image mosaicing based on adaptive sample consensus method and a data-dependent blending algorithm[J]. Signal Processing and Renewable Energy，2022，6（3）：1–12.

[102] ZHOU X，LUO Z J，GUO X，et al. Surface segregation of InGaAs films by the evolution of reflection high-energy electron diffraction patterns[J]. Chinese Physics B，2012，21（4）：046103.

[103] 周勋，杨再荣，罗子江，等. 反射式高能电子衍射实时监控的分子束外延生长 GaAs 晶体衬底温度校准及表面相变的研究 [J]. 物理学报，2011，60（1）：479–483.

[104] 冯宇平，戴明，孙立悦，等. 图像自动拼接融合的优化设计 [J]. 光学精密工程，2010，18（2）：470–476.

[105] 邹志远，安博文，曹芳，等. 一种自适应红外图像角点检测算法 [J]. 激光与红外，2015，45（10）：1272–1276.

[106] 周志艳，闫梦璐，陈盛德，等. Harris 角点自适应检测的水稻低空遥感图像配准与拼接算法 [J]. 农业工程学报，2015，31（14）：186–193.

[107] 尚明姝，王克朝. 基于多尺度 Harris 角点检测的图像配准算法 [J]. 电光与控制，2024，31（1）：28–32.

[108] 唐泽恬，杨晨，汤佳伟，等. 基于机器视觉的量子点 STM 形貌图像识别研究 [J]. 原子与分子物理学报，2019，36（5）：824–830.

[109] 马明明，杨晓珊，郭祥，等. 生长温度对 $In_{0.5}Ga_{0.5}As$/GaAs 量子点尺寸的影响 [J]. 原子与分子物理学报，2019，36（1）：103–108.

[110] 王继红，罗子江，周勋，等. 间歇式 As 中断生长 InGaAs/GaAs 量子点 [J]. 功能材料，2017，48（5）：5023–5027.

[111] 李志宏，丁召，汤佳伟，等. Ga 液滴沉积速率对 GaAs/GaAs（001）量子双环形貌的影响 [J]. 物理学报，2019，68（18）：126–131.

[112] 何宾，陶丹，彭勃 . 高实时性 F-SIFT 图像拼接算法 [J]. 红外与激光工程，
2013，42（增刊 2）：440–444.

[113] 纪华，吴元昊，孙宏海，等 . 结合全局信息的 SIFT 特征匹配算法 [J].
光学精密工程，2009，17（2）：439–444.

[114] 王睿，朱正丹 . 融合全局 – 颜色信息的尺度不变特征变换 [J]. 光学精密
工程，2015，23（1）：295–301.

[115] 田嘉禾，王宁，陈廷凯，等 . 基于自适应深度约束的水下双目图像特征
匹配 [J]. 中国舰船研究，2021，16（6）：124–131.

后　记

近年来，图像拼接算法在图像处理领域获得了广泛的关注。本书针对图像拼接的效率和拼接质量进行研究，并基于图像拼接算法进行改进，以提升算法的效率和拼接质量，同时详细介绍了改进的算法原理，并对算法进行了有效的评估，验证了设计的算法的有效性，为从事图像拼接算法的效率和拼接质量研究的研究者提供了参考。

本书的出版离不开各位朋友的帮助，在此作者衷心感谢在写作过程中获得的各方支持：首先感谢贵州大学杨晨教授，感谢杨教授把作者领进了图像拼接算法领域研究的大门，使作者受益终身；其次，感谢丁召教授的支持，是他的言传身教，使作者受益颇多；最后，感谢课题组内王昱皓和钟岷哲，是他们的支持使作者得以完善研究内容。本书第 2 章、第 4 ～ 5 章、第 7 ～ 9 章内容根据硕士期间发表论文和硕士论文进行改编和完善，第 3 章和第 6 章内容为工作以来的研究内容。

特别感谢六盘水师范学院、六盘水师范学院 2024 年上半年学术专著出版资助 (2024)、六盘水师范学院学科团队（LPSSY2023 XKTD12）和六盘水师范学院一流本科专业建设点项目（LPSSYylzy2202）的支持。本书为六盘水师范学院工作期间主持贵州省教育厅自然科学研究项目"基于 SIFT 的高分辨率图像加速拼接算法研究"的阶段性研究成果、六盘水师范学院学科团队建设和六盘水师范学院一流本科专业建设点项目成果、硕士研究生期间科研成果。